エース 土木工学シリーズ

エース
測量学

福本武明
古河幸雄
嵯峨　晃
荻野正嗣
佐野正典
鹿田正昭
和田安彦
早川　清
著

朝倉書店

まえがき

　測量法が改正され，平成14年4月1日から経緯度の測定の基準が従来の日本測地系から世界基準の世界測地系へ変更，施行されました．

　本書は，今回の法改正を機に，望外の好評を博した前書「測量学」の内容を全般的に見直し，新たにGPS測量に関する記述を補強したり，GISの記述を追加するなど，新進気鋭の測量担当教員に執筆者として加わってもらい，大胆な刷新をはかったものです．適宜例題を入れ平易に解説してあるので，教科書としてはもちろんのこと，実務においても役立てていただけるものと思います．

　ところで現在，世界の多くの大学では，測量学の名前にかわって，ジオインフォマチックス（geoinformatics；空間情報処理学とでも訳すものでしょうか）あるいはジオマチックスという新しい呼称を用いることが多くなっています．ジオインフォマチックスはリモートセンシング（RS），地理情報システム（GIS）および汎地球測位システム（GPS）を主体とした技術革新，いわゆる3S技術に支援されており，従来の学問領域を大きく越えた内容をも含むものです．本書では，これらの内容を限られたページ数の中で，十分ではないが意識的に取り上げるようにしました．

　末筆ながら，本書の執筆に際し巻末に示した多数の文献を参考にさせていただいたことを付記し，引用文献の著者に感謝の意を表します．また，本書が「エース測量学」として装いを新たに出発するに際し朝倉書店編集部にはたいへんお世話になりましたことを記し，厚く御礼申し上げます．

2003年3月

福 本 武 明
荻 野 正 嗣

目　　次

1. 総　　説 ……………………………………………… ［福本武明］…1

   1.1 測量の発達史 ……………………………………………………1
   1.2 測量の分類 ………………………………………………………3
      1.2.1 測量範囲による分類 ………………………………………3
      1.2.2 測量法による分類 …………………………………………5
   1.3 測量の基準 ………………………………………………………5
   1.4 測量関係法令 ……………………………………………………8

2. 観測値の処理 ………………………………………… ［福本武明］…11

   2.1 測量における誤差 ………………………………………………11
      2.1.1 誤差とその分類 ……………………………………………11
      2.1.2 誤差分布曲線 ………………………………………………12
      2.1.3 誤差の程度を示す指標 ……………………………………12
   2.2 誤差伝播の法則 …………………………………………………13
      2.2.1 誤差伝播の法則 ……………………………………………13
      2.2.2 重　み ………………………………………………………14
   2.3 最小2乗法 ………………………………………………………15
   2.4 観測値の処理 ……………………………………………………16
      2.4.1 独立直接観測の場合 ………………………………………16
      2.4.2 独立間接観測値の処理 ……………………………………18
      2.4.3 条件付き観測値の処理 ……………………………………19

3. 距　離　測　量 ……………………………………… ［古河幸雄］…22

   3.1 距離測量概説 ……………………………………………………22
      3.1.1 距離の定義 …………………………………………………22

3.1.2　分　類 …………………………………………………………22
　　　3.1.3　精　度 …………………………………………………………23
　3.2　巻尺による距離測量 ……………………………………………………23
　　　3.2.1　巻　尺 …………………………………………………………23
　　　3.2.2　測量方法 ………………………………………………………24
　　　3.2.3　誤差の種類と測定値の補正 …………………………………26
　3.3　間接距離測量 ……………………………………………………………28
　3.4　電磁波測距儀 ……………………………………………………………29
　　　3.4.1　概　説 …………………………………………………………29
　　　3.4.2　測定原理 ………………………………………………………30
　　　3.4.3　電磁波測距儀の特徴 …………………………………………30
　　　3.4.4　測定値の補正 …………………………………………………32

4.　水　準　測　量……………………………………………［嵯峨　晃］…33

　4.1　水準測量の用語 …………………………………………………………33
　4.2　直接水準測量の器械・器具 ……………………………………………34
　　　4.2.1　レベルの種類 …………………………………………………34
　　　4.2.2　気泡管 …………………………………………………………36
　　　4.2.3　標　尺 …………………………………………………………38
　　　4.2.4　レベルの調整 …………………………………………………39
　4.3　直接水準測量の方法 ……………………………………………………41
　　　4.3.1　直接水準測量作業の用語 ……………………………………41
　　　4.3.2　直接水準測量の外業 …………………………………………41
　　　4.3.3　視準距離 ………………………………………………………42
　　　4.3.4　野帳の記入法 …………………………………………………43
　　　4.3.5　交互水準測量 …………………………………………………46
　4.4　水準測量の誤差 …………………………………………………………47
　　　4.4.1　誤差の原因と消去法 …………………………………………47
　　　4.4.2　水準測量の許容誤差 …………………………………………48
　4.5　間接水準測量 ……………………………………………………………49

5. 角　測　量　［荻野正嗣］…52

5.1 角 …52
5.1.1 角の意味 …52
5.1.2 角の単位 …53
5.2 トランシットとその構造 …53
5.2.1 測角器械 …53
5.2.2 トランシットの構造 …54
5.2.3 トランシットの点検 …58
5.2.4 トランシットの器械誤差とその消去法 …59
5.3 角測量の方法 …61
5.3.1 水平角の測定 …61
5.3.2 鉛直角の測定 …63
5.4 トランシットによるスタジア測量 …64

6. トラバース測量　［佐野正典］…65

6.1 トラバースの種類 …65
6.2 トラバース測量の理論 …66
6.2.1 緯距および経距 …66
6.2.2 方位角と方位 …67
6.3 トラバース測量の順序 …70
6.4 トラバース測量の計算 …72
6.4.1 測定角の幾何学的条件 …72
6.4.2 測定角の許容誤差と調整 …73
6.4.3 閉合差と閉合比 …74
6.4.4 緯距および経距の調整 …76
6.4.5 合緯距と合経距 …77

7. 三角測量と三辺測量　［嵯峨　晃］…79

7.1 三角測量 …79
7.1.1 三角形の配列 …79

7.1.2　三角点の等級と精密測地網 …………………………81
7.1.3　選　点 ……………………………………………………81
7.1.4　造　標 ……………………………………………………83
7.1.5　角の偏心補正 ……………………………………………84
7.1.6　測定角調整の条件 ………………………………………85
7.1.7　四辺形の調整 ……………………………………………86
7.1.8　辺長および三角点の座標計算 …………………………91
7.2　三 辺 測 量 …………………………………………………91
7.2.1　三辺測量の条件 …………………………………………92
7.2.2　観測方程式 ………………………………………………93
7.2.3　観測方程式による平均計算 ……………………………94

8. 平 板 測 量 …………………………………………[古河幸雄]…96

8.1　平板測量概説 …………………………………………………96
8.1.1　概説および特徴 …………………………………………96
8.1.2　平板測量の作業工程 ……………………………………96
8.2　アリダードによる平板測量 …………………………………97
8.2.1　平板測量の器具 …………………………………………97
8.2.2　平板の標定 ……………………………………………100
8.2.3　平板測量の方法 ………………………………………101
8.2.4　平板を用いない細部測量 ……………………………107
8.3　電子平板測量 ………………………………………………107
8.3.1　概　説 …………………………………………………107
8.3.2　電子平板測量のシステム構成 ………………………108
8.3.3　細部測量の方法 ………………………………………108
8.3.4　編　集 …………………………………………………109

9. 地理情報システム（GIS）と地形測量 ……………[鹿田正昭]…111

9.1　地形図と数値地図の種類 …………………………………111
9.1.1　アナログ地図（紙地図） ……………………………111
9.1.2　数値地図 ………………………………………………112

9.2　標準地域メッシュコード ……………………………………114
9.3　地形図の表現 ……………………………………………………115
　9.3.1　地形図の一般的な表現方法 ………………………………115
　9.3.2　感性を考慮した新しい表現方法 …………………………116
9.4　数値地図の特徴 …………………………………………………116
　9.4.1　数値地図および地理情報ソフトウエアの作成機関 ……116
　9.4.2　数値地図のメリット・デメリット ………………………117
　9.4.3　基　図 ………………………………………………………117
　9.4.4　数値地図2500（空間データ基盤）…………………………118
9.5　DEMの利用 ……………………………………………………118
9.6　数値地図を利用した地形表現 …………………………………120
9.7　GISの利用 ………………………………………………………122
　9.7.1　GISの利用 …………………………………………………122
　9.7.2　地形図と数値地図の重ね合わせ …………………………123

10.　写　真　測　量 ……………………………［和田安彦・早川　清］…125

10.1　概　要 …………………………………………………………125
　10.1.1　写真測量の種類 …………………………………………125
　10.1.2　写真測量の応用分野 ……………………………………126
10.2　空中写真測量の基礎 …………………………………………128
　10.2.1　写真の性質 ………………………………………………128
　10.2.2　中心投影の性質 …………………………………………129
　10.2.3　実体視 ……………………………………………………130
　10.2.4　視　差 ……………………………………………………131
　10.2.5　標　定 ……………………………………………………132
　10.2.6　過高感 ……………………………………………………132
　10.2.7　写真の縮尺 ………………………………………………133
10.3　空中写真の撮影 ………………………………………………134
　10.3.1　空中写真測量器材 ………………………………………134
　10.3.2　空中写真測量の工程 ……………………………………135
10.4　空中三角測量 …………………………………………………139

10.4.1 概　要 …………………………………………………139
10.4.2 機械空中三角測量 ………………………………140
10.4.3 解析空中三角測量 ………………………………140
10.5 空中写真の判読 ………………………………………141
10.5.1 概　要 …………………………………………………141
10.5.2 判読の手順 ………………………………………141
10.5.3 判読の要素 ………………………………………142
10.6 実体図化機 …………………………………………………142

11. リモートセンシングとGPS測量 ……………［荻野正嗣］…146

11.1 リモートセンシング …………………………………146
11.1.1 リモートセンシングの概説 …………………146
11.1.2 電磁波の区分 ……………………………………147
11.1.3 観測高度とセンサ ………………………………147
11.1.4 リモートセンシングデータ解析 ……………149
11.2 人工衛星による測距 …………………………………150
11.2.1 人工衛星レーザ測距 ……………………………150
11.2.2 GPS測量の概説 …………………………………150
11.2.3 GPS観測法 ………………………………………151
11.2.4 GPS測量からの緯度，経度，標高 …………153

12. 路　線　測　量 …………………………………［荻野正嗣］…155

12.1 路線測量の概説 ………………………………………155
12.1.1 調査測量 …………………………………………155
12.1.2 予備測量 …………………………………………156
12.1.3 実施測量 …………………………………………156
12.1.4 工事測量 …………………………………………156
12.2 曲線設置法 ……………………………………………161
12.2.1 曲線の分類 ………………………………………161
12.2.2 円曲線の術語と一般性質 ………………………162
12.3 円曲線の設置法 ………………………………………162

12.3.1 偏角弦長法 …………………………………………………162
12.3.2 前方交会法 …………………………………………………165
12.3.3 中央縦距法 …………………………………………………165
12.4 緩和曲線とその設置法 ………………………………………166
12.4.1 緩和曲線 ……………………………………………………166
12.4.2 自動車の走行軌跡とクロソイド …………………………167
12.4.3 クロソイド曲線 ……………………………………………168
12.4.4 クロソイドの設計 …………………………………………172
12.5 縦断曲線と横断曲線 …………………………………………177
12.5.1 縦断曲線の意義とその種類 ………………………………177
12.5.2 横断曲線の意義とその種類 ………………………………177

13. 面積・体積の算定 ……………………………………［早川 清］…179

13.1 面積の算定 ……………………………………………………179
13.1.1 面積計算 ……………………………………………………179
13.1.2 図形測定法 …………………………………………………182
13.2 面積の分割と境界線の整正 …………………………………183
13.2.1 面積の分割 …………………………………………………183
13.2.2 境界線の整正 ………………………………………………184
13.3 体積の算定 ……………………………………………………185
13.3.1 断面法による体積の算定 …………………………………185
13.3.2 点高法による体積の算定 …………………………………187
13.3.3 等高線法 ……………………………………………………188
13.3.4 数値地形モデルの利用 ……………………………………189

付　　　録 ……………………………………［福本武明・荻野正嗣］…190
参 考 文 献 ……………………………………………………………194
索　　　引 ……………………………………………………………197

1. 総　説

ポイント　測量とは，地表・地中・水中・空中など人間の活動領域における諸点の位置関係の情報を，所定の方法と精度に従って取得し，処理し，数値や図で表現することをいい，そのための理論および応用を扱う学問が測量学である．測量学は，単に空間的位置を対象とするだけでなく，面積・体積・流量などをも含むものであって，国土の利用・開発・保全のための事業計画や各種建設工事の計画・設計・施工などを行う場合に欠くことのできない基礎学問である．本書の序章として測量の発達史，測量の分類，測量の基準，測量関係法令について記述する．

1.1　測量の発達史

　測量の歴史は古く，古代エジプトにおいてナイル河の洪水で荒れた農地の整理のために土地を測ったことに始まるといわれている．現存する規則正しい形の大規模なピラミッドからも，当時，相当高度な測量技術があったことがうかがえる．エラトステネス（Eratosthenes）は，B.C.195年頃，地球の半径を初めて測量した．その後，トレミー（Ptolemy）の単円錐図法の考案（A.D.150年頃）や羅針盤の発明などがあったが，近代的な測量方法が芽ばえたのは17～18世紀の頃からである．

　三角測量方式がスネリウス（Snellius）によって1617年に開発され，1660年代にはピカール（Picard, J.）などによる十字線付き望遠鏡とバーニヤ装着の測角機器の使用によって観測精度の飛躍的な向上などがあり，さらに，ガウス（Gauss, C.F. 1777～1855年）による最小2乗法の確立によって測量誤差の合理的な処理が可能となった．19世紀中頃から20世紀初頭にかけて，測量に写真を応用する技術が開発され，飛行機の発達と精密図化機の発明などにより，実体航

空写真測量の基礎が築かれた．

　近年の電子技術の発達は，測量技術に一大革新をもたらした．電磁波測距儀の出現により長距離の測量が正確にできるようになり，それに伴い三角測量方式から三辺測量方式への転換などの新しい動きをもたらすとともに，コンピュータの普及によって多量の観測データの緻密で能率的な計算処理が可能となった．1972年に地球観測衛星 LANDSAT が打ち上げられてからは，人工衛星を利用しての地球観測が行われるようになり，現在ではリモートセンシング（遠隔探査，remote sensing）技術によって地球上の環境調査や資源探査などが可能になるとともに GPS（汎地球測位システム，global positioning system）技術などによって，地球上の諸点の位置や高低差が高精度で測量できるようになった．そして今日，GPS などとともに GIS（地理情報システム，geographic information system）技術の発達もめざましく，これらの技術が庶民生活にまで浸透して変革をもたらしつつある．

　次に日本の測量の発達史を概観してみよう．わが国の測量は 6 世紀の仏教伝来以来，中国大陸から度量衡制や測量の方法などが伝えられたことに始まるといわれている．記録にある最初の測量事業として，大化の改新（645 年）での班田収授の制度がある．平城京（710 年，遷都）の建設には，かなり高度な測量技術が使われた．僧行基（668〜749 年）が天平時代につくった海道図は日本最古の地図といわれている．豊臣秀吉は 1590 年代に検地（地籍調査）を全国規模で実施した．江戸時代に入ると正保古図絵図，日本輿地図，大日本輿地路程全図など地図の発行が行われたが，特筆すべきは伊能忠敬（1745〜1818 年）の大日本沿海実測図である．これは，幕府の命を受けて 18 年かけ完成したもので，比類なき正確さから世界的に名高いだけでなく，明治以降のわが国の測量に計りしれない影響を与えた．

　明治時代（1868 年）に入り，三角測量を英国人技師の指導で行うなど，西欧の進んだ測量技術の導入が盛んになる．この時期，鉄道建設や河川港湾工事など大規模な建設事業に伴い，土木測量の著しい発達があった．明治 20 年（1887 年）前後に，わが国の経緯度原点や水準原点の設置などが行われ，近代的な測量の基礎が築かれた．

　第 2 次大戦後，陸海軍の解体に伴い，陸地測量部の業務が現在の国土交通省国土地理院に，また海図などの業務が海上保安庁海洋情報部に引き継がれるととも

に，測量法（1949年）や国土調査法（1951年）などが公布され測量業務に関する法律的位置づけが明確にされた．技術面での進歩は驚異的で，コンピュータの利用，電磁波測距儀の発達，写真測量技術・判読技術の発展，人工衛星の利用などにより内容が一変したといっても過言でない．こうした技術革新の成果は青函トンネル，本州四国連絡橋，関西国際空港，東京湾横断道路など各種建設事業に伴う測量や土地に関する測量にも大いに活用されている．また現在，測量は地球の実態を把握する科学の一翼を担うものとして国際的連帯が求められており，わが国ではそれに呼応して国際的測地網との結合や国際海図の作成など数々の国際協力を果たすとともに，国内的にもGPS測量やGIS技術の標準化，あるいは地殻変動観測などのリアルタイム測位に有効な電子基準点の全国的な設置など，時代の要請に機敏に対応しつつある．平成13年（2001年）には，測量の基準に関わる大きな動き，つまり測量法の改正があった．わが国で明治以来使用してきた日本測地系（ベッセル楕円体）を廃し，世界測地系（地球重心系，GRS 80楕円体）へと移行する措置が法的にとられた．こうした動きの背景として，GPSやVLBI（超長基線電波干渉法）などの実用化により，世界共通の測量の基準である世界測地系の採用が可能となったことが挙げられ，とくに最近のGPSの急速な普及で世界測地系への移行が社会的に急務となったことによる．

1.2 測量の分類

測量は，その目的，方法，使用機器などにより種々の分類ができる．目的別には地形測量・路線測量など，方法別には三角測量・トラバース測量など，使用機器別には平板測量・写真測量などである．ここでは，測量範囲による分類と法律上の分類について述べる．

1.2.1 測量範囲による分類

地球は南北に偏平な回転楕円体である．その楕円体パラメータの代表的数値を表1.1に示す．

わが国では測量の基準となる準拠楕円体として従来，表中のベッセル（Bessel, F.W.）の値を用いてきたが，測量法改正（2001年）に伴い，表中の測地基準系1980（geodetic reference system 1980，略称GRS 80）回転楕円体が採用されることとなった．地球を半径6,370 kmの球と仮定して測量することもあ

表 1.1 地球楕円体のパラメータ (a, f)

楕円体	採用年	赤道半径 a(m)	逆偏平率$(1/f)$
エベレスト	1830	6,377,276	300.80
ベッセル	1841	6,377,397	299.15
クラーク	1866	6,378,206	294.98
クラーク（改訂）	1880	6,378,249	293.47
ヘルメルト	1907	6,378,200	298.30
ヘイフォード	1909	6,378,388	296.96
国際（ヘイフォードを採用）	1924	6,378,388	297.00
クラソフスキー	1942	6,378,245	298.30
測地基準系 1967	1967	6,378,160	298.247
測地基準系 1967（改訂）	1975	6,378,140	298.257
測地基準系 1980（GRS 80）	1979	6,378,137	298.257
測地基準系 1980（改訂）	1983	6,378,136	298.257
WGS 84	1984	6,378,137	298.257

偏平率 $f=(a-b)/a, b$：極半径　　　（日本測量協会編「測量学事典」による）

る．このように地球の曲率を考慮に入れて行う測量のことを測地測量（geodetic survey）または大地測量という．これに対し，地球を平面とみなして処理できるような小範囲の測量を局地測量（plane survey）または小地測量という．

いま，地球を簡単に半径 R の球と考え，平面として取り扱える範囲を算出してみよう．図 1.1 において，AB 間の球面距離を S，これに対応する平面距離 AB′ を s とすれば，距離差 $\varDelta s$ は，

$$\varDelta s = s - S \fallingdotseq \frac{S^3}{3R^2}, \quad \therefore \quad \frac{\varDelta s}{S} \fallingdotseq \frac{1}{3}\left(\frac{S}{R}\right)^2 \tag{1.1}$$

となる．$R=6,370$ km として，式（1.1）より距離の相対誤差 $\varDelta s/S$ が求まる（表 1.2）．この結果から，例えば相対誤差を 1/10,000 まで許容すれば距離約 110

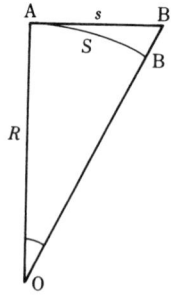

図 1.1

表 1.2 距離の相対誤差

S(km)	$\dfrac{\varDelta s}{S}$
110	1/10,000
35	1/100,000
11	1/1,000,000

km までの範囲を平面とみなしてよいことになる．普通，土木建築工事などに伴う測量は，局地的で地球表面を平面とみなす小地測量の場合がほとんどである．

1.2.2 測量法による分類

わが国の基本的法律である測量法の中で，その適用を受ける測量を次の3つに分類している．

1) 基本測量　すべての測量の基礎となる測量で，国土交通省国土地理院が行うもの．具体的には精密測地網測量，天文・重力・地磁気・精密水準測量，国土基本図測量，地形図測量，地域図，地勢図，土地利用・土地条件などの主題図，衛星画像図作成などである．

2) 公共測量　基本測量以外の測量のうち，局地的測量または高精度を要しない測量（測量法施行令，第1条に規程のもの）を除き，国または公共団体が測量に必要な費用の全部または一部を負担あるいは補助して実施するもの．

3) 基本測量および公共測量以外の測量　基本測量および公共測量のいずれにも属さない測量で基本測量や公共測量の測量成果を使用して実施するもの．

1.3　測量の基準

地表上の諸点の位置を便利に的確に表示するには，共通して用いることのできる基準が必要である．わが国における基本測量・公共測量の基準は，平成13年（2001年）の測量法第11条の改正により，国際標準となる世界測地系に従って測量しなければならないと定められた．新しい規程の内容は，主として次のようである．①地球を次の要件を満たす偏平な回転楕円体と想定して地理学的経緯度の測定を行う．つまり i) 回転楕円体の長半径と偏平率が地理学的経緯度の測定

表1.3　わが国の測量原点（平成23年，測量法施行令）

名　称	地　点	原点数値
日本経緯度原点	東京都港区麻布台2丁目18番1地内 日本経緯度原点金属標の十字の交点	経度　東経　139°44′28″.8869 緯度　北緯　35°39′29″.1572 原点方位角*　32°20′46″.209
日本水準原点	東京都千代田区永田町1丁目1番地内 水準点標石の水晶板の零分画線の中心	東京湾平均海面上　24.3900 m

＊上記金属標十字の交点において真北を基準として右まわりに測定した，つくば超長基線電波干渉計観測点金属標の十字の交点（茨城県つくば市北郷一番地内）の方位角

に関する国際的な決定に基づき政令で定める値とする（表1.1中，GRS 80楕円体の採用）．ⅱ）回転楕円体の中心が地球の重心と一致し，その短軸が地球の自転軸と一致するものとする〔地心直交座標系（国際地球基準座標 international terrestrial reference frame，略称ITRF 94）による座標系の設定〕（この ITRF 94にGRS 80を結合して，世界に共通する準拠楕円体となる）．②位置は地理学的経緯度（測地緯度，測地経度）および平均海面（東京湾の平均海水面）からの高さで表示する．③測量の原点は日本経緯度原点および日本水準原点とする．政令で定める原点所在地と原点数値は，表1.3のとおりである．なお測量法改正に伴って，従来の日本測地系（ベッセル楕円体）に基づく座標値を世界測地系（地球重心系，GRS 80楕円体）に基づく座標値へ変換することが必要となるが，この点，国土地理院では座標値変換プログラム（TKY 2 JGD）等を作成し対処している．(2011年（平23）の地殻変動により表1.3のように修正された)

わが国では，国家基準点（一～四等三角点，一～三等水準点など）が全国に高い密度で設置されており（後述：4章，7章），それらの位置や標高が原点数値に基づいて測量され，基準点成果表（世界測地系に基づく経緯度値，いわゆる「測地成果2000」）に整理され公共の用に供されている．また最近，急速に普及したGPS測量のための基準点として電子基準点と呼ばれる固定点（p. 10 図1.4）が全国に数多く設置されている．陸地の標高が東京湾平均海面を基準としているのに対し，海図の水深は水路業務法により基本水準面（略最低低潮面）からの深さで表示されることになっている．また河川測量においては，治水利水上その水系固有の河川基準面を使用することがあり，この場合には東京湾平均海面との高さ関係をはっきりさせておく必要がある．

平面直角座標系は，位置の表示に用いることができると測量法で定められており，基本測量はもとより公共測量のように測量範囲が狭い場合に広く利用されている．この座標系には，ガウス-クリューゲル（Gauss-Krüger）投影法が採用されている．この方法は，図1.2に示すように平面座標系の原点0を通る子午線（X軸）に接して円筒面をかぶせ，準拠楕円体面上の点Pを円筒面上の点P′に投影し

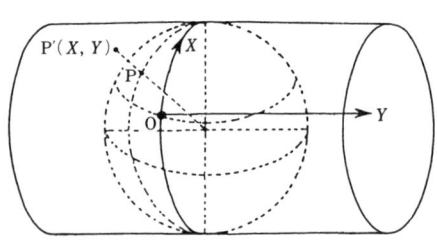

図1.2 ガウス-クリューゲル投影法

1.3 測量の基準

表1.4 平面直角座標系（昭和61年，建設省告示第1303号）

系番号	系原点の経緯度	適 用 区 域
I	B = 33° 0′0″.0000 L = 129°30′0″.0000	長崎県及び北方北緯32°，南方北緯27°，西方東経128°18′，東方東経130°を境界線とする区域内（奄美群島は東経130°13′までを含む。）にある鹿児島県所属のすべての島，小島，環礁及び岩礁を含む。
II	B = 33° 0′0″.0000 L = 131° 0′0″.0000	福岡県，佐賀県，熊本県，大分県，宮崎県及び第1系の区域内を除く鹿児島県
III	B = 36° 0′0″.0000 L = 132°10′0″.0000	山口県，島根県，広島県
IV	B = 33° 0′0″.0000 L = 133°30′0″.0000	香川県，愛媛県，徳島県，高知県
V	B = 36° 0′0″.0000 L = 134°20′0″.0000	兵庫県，鳥取県，岡山県
VI	B = 36° 0′0″.0000 L = 136° 0′0″.0000	京都府，大阪府，福井県，滋賀県，三重県，奈良県，和歌山県
VII	B = 36° 0′0″.0000 L = 137°10′0″.0000	石川県，富山県，岐阜県，愛知県
VIII	B = 36° 0′0″.0000 L = 138°30′0″.0000	新潟県，長野県，山梨県，静岡県
IX	B = 36° 0′0″.0000 L = 139°50′0″.0000	東京都（XIV系，XVIII系及びXIX系に規定する区域を除く。），福島県，栃木県，茨城県，埼玉県，千葉県，群馬県，神奈川県
X	B = 40° 0′0″.0000 L = 140°50′0″.0000	青森県，秋田県，山形県，岩手県，宮城県
XI	B = 44° 0′0″.0000 L = 140°15′0″.0000	小樽市，函館市，伊達市，胆振支庁管内のうち有珠郡及び虻田郡，檜山支庁管内，後志支庁管内，渡島支庁管内
XII	B = 44° 0′0″.0000 L = 142°15′0″.0000	札幌市，旭川市，稚内市，留萌市，美唄市，夕張市，岩見沢市，苫小牧市，室蘭市，士別市，名寄市，芦別市，赤平市，三笠市，滝川市，砂川市，江別市，千歳市，歌志内市，深川市，紋別市，富良野市，登別市，恵庭市，石狩支庁管内，網走支庁管内のうち紋別郡，上川支庁管内，宗谷支庁管内，日高支庁管内，胆振支庁管内（有珠郡及び虻田郡を除く。）空知支庁管内，留萌支庁管内
XIII	B = 44° 0′0″.0000 L = 144°15′0″.0000	北見市，帯広市，釧路市，網走市，根室市，根室支庁管内，釧路支庁管内，網走支庁管内（紋別郡を除く。），十勝支庁管内
XIV	B = 26° 0′0″.0000 L = 142° 0′0″.0000	東京都のうち北緯28°から南であり，かつ東経140°30′から東であり東経143°から西である区域
XV	B = 26° 0′0″.0000 L = 127°30′0″.0000	沖縄県のうち東経126°から東であり，かつ東経130°から西である区域
XVI	B = 26° 0′0″.0000 L = 124° 0′0″.0000	沖縄県のうち東経126°から西である区域
XVII	B = 26° 0′0″.0000 L = 131° 0′0″.0000	沖縄県のうち東経130°から東である区域
XVIII	B = 20° 0′0″.0000 L = 136° 0′0″.0000	東京都のうち北緯28°から南であり，かつ東経140°30′から西である区域
XIX	B = 26° 0′0″.0000 L = 154° 0′0″.0000	東京都のうち北緯28°から南であり，かつ東経143°から東である区域

備考
1．座標系のX軸は、座標系原点において子午線に一致する軸とし、真北に向う値を正とし、座標系のY軸は、座標系原点においてX軸に直交する軸とし、真東に向う値を正とする。
2．座標系のX軸上における縮尺係数は、0.9999とする。
3．座標系原点の座標値は、X＝0.000m　Y＝0.000mとする。
4．測量法改正（平成14年4月1日施行）により、表中の各座標原点の経緯度は変更ないが、各座標原点の具体的な位置が数百メートル移動することになる。

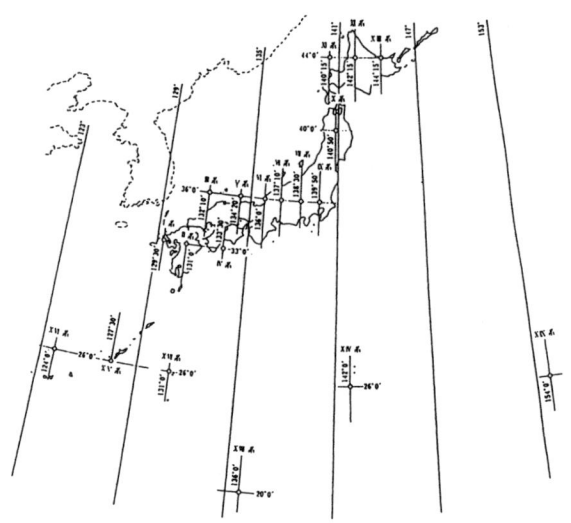

図1.3 平面直角座標系

たのち軸方向に円筒面を切開して平面とするもので，X軸上で等長となるが東西に離れるほど投影誤差（平面距離と球面距離との差）が増大する．そこでわが国では，投影距離の相対誤差を1/10,000以内に収めるよう工夫されており，全国を区分して現在19ある座標系の原点位置と適用範囲が行政の境界をも考慮して表1.4と図1.3のように決められている．

わが国の国土基本図（縮図1:2,500，1:5,000）は，上記の平面直角座標系で表されているが，縮図1:25,000，1:50,000の地形図などにはUTM（universal transverse mercator projection）座標系が採用されている．このUTM座標系は，地球全域を経度幅6°の地帯に分割し，各経度帯ごとに中央子午線を設けてガウス-クリューゲル投影法を適用したものである．

なお，平成13年の測量法改正に伴い，平面直角座標等に加え新たに特例として地心直交座標（国際地球基準座標 ITRF 94）での表示も認められた．

1.4 測量関係法令

測量に関する法律や政令には多くのものがある．以下に主なものを示す．

1) 測量法（平成13年6月20日改正）　最も基本的な法律で，国や公共団

体が実施する土地の測量について，実施の基準および実施に必要な権能を定め，測量の重複を除き，測量の正確さを確保するとともに，測量業の適正な運営と健全な発達を図り，各種測量の調整および測量制度の改善に役立てることを目的としたもので，昭和 24 年に制定された（法律第 188 号）．その後，10 数回の部分改正を経て今日に至っている．測量士・士補に関する規程も含まれている．平成 13 年に，日本測地系から世界測地系への移行のため一部改正された．なお，この法律の運用のために測量法施行令（平成 14 年 4 月 1 日施行）などが制定されている．

2) **水路業務法**（平成 13 年 6 月 20 日改正）　水路測量の成果や海洋に関する科学的基礎資料を整備し，海空交通の安全の確保に寄与するとともに，国際間の水路に関する情報の交換に役立てることを目的として，昭和 25 年に制定された（法律第 102 号）．平成 13 年に，日本測地系から世界測地系への移行のため一部改正された．

3) **土地家屋調査士法**（昭和 25 年法律第 228 号）　土地登記簿における不動産の表示の正確さを確保するため，土地家屋調査士の制度を定め，その業務の適正を図ることを目的として制定された法律である．

4) **国土調査法**（昭和 26 年法律第 180 号）　国土の開発，保全，利用の高度化に資するとともに，地籍の明確化を図るため，国土の実態を科学的かつ総合的に調査することを目的としており，内容として基本調査，土地分類調査，水調査，地籍調査などが含まれる．この法律には，国土調査法施行令（昭和 27 年政令第 59 号），国土調査促進特別措置法（昭和 37 年法律第 143 号）などが付属して制定されている．

5) **土地区画整理法**（昭和 29 年法律第 119 号）　土地区画整理事業に関し，施行者，施行方法，費用の負担などを規定することにより，健全な市街地の造成を図り，公共の福祉の増進に資することを目的としたもので，その施行上必要な細則を定めた同法施行令（昭和 30 年政令第 47 号），同法施行規則（昭和 30 年建設省令第 5 号），区画整理士技術検定規則（昭和 57 年建設省令第 16 号）を付帯している．

6) **国土交通省公共測量作業規程**（平成 14 年施行）　測量法第 33 条第 1 項の規程に基づき，国土交通省の行う公共測量について，規格を統一し，必要な精度を確保する目的で，その作業方法などを定めたものである．昭和 44 年（1969

年)に制定されたが,測量技術の進歩に合わせ実状に適するように昭和60年(1985年)に改正された.この規程の内容は,総則,基準点測量(基準点測量,水準測量),地形測量(平板測量,空中写真測量,写真図作成,地図編集,修正測量),応用測量(路線測量,河川測量,用地測量)から成っている.多くの機関は,この規程を利用している.平成13年の測量法改正に伴う作業規程の改訂では,位置の測定や表示を世界測地系対応のものに修正するとともに,新たに電子基準点(図1.4)を既知点として使用できるようにするための措置などが盛り込まれている.

7) その他 このほかに不動産登記法,土地収用法,国土総合開発法,都市計画法などや計測法関連の政令,あるいは各種作業規程・技術基準などがある.

図1.4 電子基準点

2. 観測値の処理

ポイント 観測値に含まれる誤差とその処理に関する知識は，測量において信頼性の高い結果を得るために欠かせないものである．本章では測量における誤差，誤差伝播の法則，最小2乗法の原理，各種状況下での観測値の処理方法について，基本事項の理解に主眼をおき，必要最小限の記述をする．

2.1 測量における誤差

2.1.1 誤差とその分類

距離や角度などを測量する場合，精密な機器を使い注意深く観測しても，必然的に観測に誤差を伴い，真値を見出すことはできない．観測値 l と真値 X との差を誤差（error）ε という．すなわち，

$$\varepsilon = l - X \tag{2.1}$$

誤差には系統誤差と偶然誤差とがある．系統誤差（systematic error）は，標準尺より長い（または短い）巻尺を用いたり，検定時と異なる張力・温度のもとで鋼巻尺を使って距離測量する場合や，ゼロ指標位置の調整不完全な器械で角測量する場合などのように，同じ条件下では常に同じ大きさで現れるような誤差のことである．この種の系統誤差は，原因を調べて機器や観測方法の欠陥を直したり，観測値を補正したりして除去することができる．これに対し，原因が特定できず最善を尽くしても観測値につきまとう除去不可能な誤差を偶然誤差（accidental error）という．この誤差は，同一条件下でも大きさが同じでなく不規則な現れ方をするので，確率変数として取り扱える．このほかに，観測者の不注意や錯覚によって起こる過失（mistake）があるが，これは目盛の誤読や機器操作上の誤りなどのことで，誤差として扱えない異質の誤りであるから絶対に避けなければならない．

要するに観測者は，細心の注意を払って過失を避け，種々の方法で系統誤差を除去し，最終的に残る偶然誤差を数学的に処理して，多数の観測値から真値に最も近い値を求めるようにすることが肝要である．

2.1.2 誤差分布曲線

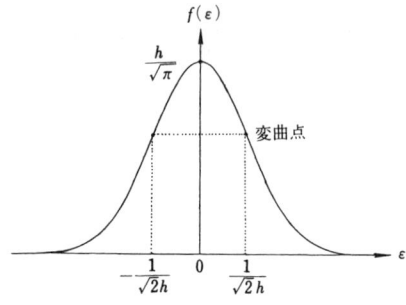

図 2.1 誤差分布曲線

ある量を非常に多く観測したとき，観測値に含まれる偶然誤差は，次のような 3 公理に従う性質をもつと考えられる．すなわち，①小さい誤差は大きい誤差より多く起こる，②絶対値が等しい正負の誤差は同じ頻度で起こる，③非常に大きい誤差はほとんど起こらない．

図 2.1 は，これらの公理を数学的に表した曲線で誤差分布曲線（error distribution curve）といい，ガウス（Gauss）によって導かれた次式に基づくものである．

$$f(\varepsilon) = \frac{h}{\sqrt{\pi}} \exp(-h^2 \varepsilon^2) \tag{2.2}$$

$f(\varepsilon)$：誤差 ε の起こる確率密度，h：観測の精密さを示す定数．

この式を $h = 1/\sqrt{2}\sigma$ とおいて書き直せば，次式となる．

$$f(\varepsilon) = \frac{1}{\sqrt{2\pi}\sigma} \exp\left(-\frac{\varepsilon^2}{2\sigma^2}\right) \tag{2.3}$$

さらに，$\xi = \varepsilon/\sigma$ とおいて確率変数の変換を行えば，上式は次式のように表せる．

$$f(\xi) = \frac{1}{\sqrt{2\pi}} \exp\left(-\frac{\xi^2}{2}\right) \tag{2.4}$$

これが標準正規分布であり，この式に対して数表が用意されている（確率統計分野の書物参照）．

2.1.3 誤差の程度を示す指標

誤差の程度を示す指標として，次のようなものが用いられる．

1) 標準偏差（standard deviation） 誤差 ε の 2 乗の平均値を分散（variance) σ^2 といい，分散の非負の平方根 σ を標準偏差，または平均2乗誤差 (mean square error) という．式 (2.2) を使うと，σ^2 は次のようになる．

$$\sigma^2 = \frac{2h}{\sqrt{\pi}} \int_0^\infty \varepsilon^2 \exp(-h^2\varepsilon^2) d\varepsilon = \frac{1}{2h^2} \tag{2.5}$$

これより $\sigma = 1/\sqrt{2}h = 0.7071/h$ を得る．

式 (2.2) から $d^2 f(\varepsilon)/d\varepsilon^2 = 0$ を求めるならば，標準偏差 σ が誤差分布曲線の変曲点に相当する ε に等しいことがわかる．

2) **確率誤差** (probable error)　ある値 r よりも大きい誤差の起こる確率と小さい誤差の起こる確率とが等しいような r を確率誤差と呼ぶ．

式 (2.2) から，

$$\frac{h}{\sqrt{\pi}} \int_{-r}^{r} \exp(-h^2\varepsilon^2) d\varepsilon = \frac{1}{2} \tag{2.6}$$

となり，これを満足する r を計算すれば，$r = 0.4769/h = 0.6745\,\sigma$ となる．

3) **平均誤差** (average error)　誤差 ε の絶対値の平均値を平均誤差 e と呼ぶ．

$$e = \frac{2h}{\sqrt{\pi}} \int_0^\infty |\varepsilon| \exp(-h^2\varepsilon^2) d\varepsilon = \frac{1}{\sqrt{\pi}h} \tag{2.7}$$

から，$e = 0.5642/h = 0.7979\,\sigma$ である．

2.2　誤差伝播の法則

2.2.1　誤差伝播の法則

観測値から計算によって他の値を求めるとき，観測値に含まれる誤差が計算値へ伝播する．いま，いくつかの量 $x_1, x_2, \cdots, x_n$ の観測値から $y = f(x_1, x_2, \cdots, x_n)$ の関係式により y の値を求めるとき，y の標準偏差 σ_y は，各 x の標準偏差を $\sigma_1, \sigma_2, \cdots, \sigma_n$ として次式で与えられる．

$$\sigma_y = \pm \sqrt{\left(\frac{\partial f}{\partial x_1}\right)^2 \sigma_1^2 + \left(\frac{\partial f}{\partial x_2}\right)^2 \sigma_2^2 + \cdots\cdots + \left(\frac{\partial f}{\partial x_n}\right)^2 \sigma_n^2} \tag{2.8}$$

これを誤差伝播の法則 (equation of error propagation) という．この公式の適用例をいくつか示すと，表2.1のようになる．

誤差を観測値で割って無次元化した数値を相対誤差または精度という．これは，種々の観測値間の精粗を客観的に比較するときに用いられる．

【**例題 2.1**】　ある量を n 回観測し，各回の標準偏差 σ がすべて等しいとして，算術平

表 2.1　誤差伝播の公式の適用例

y	σ_y
① ax	$\pm a\sigma$
② $a_1x_1+a_2x_2+\cdots\cdots+a_nx_n$	$\pm\sqrt{a_1{}^2\sigma_1{}^2+a_2{}^2\sigma_2{}^2+\cdots\cdots+a_n{}^2\sigma_n{}^2}$
③ x_1x_2	$\pm x_1x_2\sqrt{\dfrac{\sigma_1{}^2}{x_1{}^2}+\dfrac{\sigma_2{}^2}{x_2{}^2}}$
④ $\dfrac{x_1}{x_2}$	$\pm\dfrac{x_1}{x_2}\sqrt{\dfrac{\sigma_1{}^2}{x_1{}^2}+\dfrac{\sigma_2{}^2}{x_2{}^2}}$
⑤ $ax_1x_2x_3$	$\pm ax_1x_2x_3\sqrt{\dfrac{\sigma_1{}^2}{x_1{}^2}+\dfrac{\sigma_2{}^2}{x_2{}^2}+\dfrac{\sigma_3{}^2}{x_3{}^2}}$
⑥ $\dfrac{ax_1}{x_2x_3}$	$\pm\dfrac{ax_1}{x_2x_3}\sqrt{\dfrac{\sigma_1{}^2}{x_1{}^2}+\dfrac{\sigma_2{}^2}{x_2{}^2}+\dfrac{\sigma_3{}^2}{x_3{}^2}}$

均 x の標準偏差 σ_x を求めよ.
【解】

$$\text{算術平均}\ x=\frac{x_1+x_2+\cdots\cdots+x_n}{n}$$

に誤差伝播の公式を適用すれば，表 2.1 中の②により，$a_1=a_2=\cdots\cdots=a_n=1/n$, $\sigma_1=\sigma_2=\cdots\cdots=\sigma_n=\sigma$ であるから，

$$\sigma_x=\pm\sqrt{\frac{\sigma^2}{n^2}+\frac{\sigma^2}{n^2}+\cdots\cdots+\frac{\sigma^2}{n^2}}$$

ゆえに，$\sigma_x=\sigma/\sqrt{n}$.

【例題 2.2】 長方形の 2 辺 x_1, x_2 を測量して次の値を得た．面積 y の標準偏差 σ_y を求めよ．

$$x_1=20.000\ \text{m}\pm2.0\ \text{mm},\quad x_2=30.000\ \text{m}\pm4.0\ \text{mm}$$

【解】 この場合，$y=x_1x_2$ であるから，表 2.1 中の③に該当する．すなわち，

$$\sigma_y=\pm\sqrt{x_2{}^2\sigma_1{}^2+x_1{}^2\sigma_2{}^2}$$

ゆえに，$\sigma_y=\pm\sqrt{30^2\times(0.002)^2+20^2\times(0.004)^2}=\pm0.10\ \text{m}^2$.

2.2.2　重　み

観測値の信頼性の度合を重み (weight) という．同一条件下での観測のときには重みを考えなくてよいが，観測回数など条件が変わると重みを考慮しなければならない．例えば，ある量を同じ方法でそれぞれ 5 回，3 回，1 回観測して得た観測値の重みを p_1, p_2, p_3 とすれば，$p_1:p_2:p_3=5:3:1$ である．

数学的には重み p を分散 σ^2 に反比例する量と定義する．いま観測値 $l_1, l_2, \cdots$ の分散を $\sigma_1{}^2, \sigma_2{}^2, \cdots$ とするとき，

$$p_1\sigma_1{}^2 = p_2\sigma_2{}^2 = \cdots\cdots = \sigma_0{}^2 \ (\text{一定}) \tag{2.9}$$

を満足する $p_1, p_2, \cdots$ が，各観測値の重みである．ここで，ある量を同じ重みで n 回観測したときの観測値の算術平均のもつ重みを考えてみると，例題2.1 より平均値の分散 $\sigma_x{}^2$ が $\sigma_x{}^2 = \sigma^2/n$ と表されるから，

$$p_x : p = \frac{1}{\sigma_x{}^2} : \frac{1}{\sigma^2} = n : 1$$

となる．つまり，n 個の観測値の平均値の重みは，個々の観測値の重みの n 倍である．

2.3 最小2乗法

観測値に含まれる誤差の2乗和を最小にするという条件によって，何回かの繰返し観測から真値の推定値，すなわち最確値を求める手法を最小2乗法 (method of the least squares) という．

いま，ある量 X を n 回独立に観測して得た観測値 l_i には，誤差 $\varepsilon_i = l_i - X$ ($i = 1, 2, \cdots, n$) が含まれる．n を大きくすれば，誤差は式 (2.2) に従う分布をする．それゆえ誤差 ε_i の起こる確率は，

$$y_i = f(\varepsilon_i) = \frac{h_i}{\sqrt{\pi}} \exp(-h_i{}^2 \varepsilon_i{}^2), \quad i = 1, 2, \cdots, n \tag{2.10}$$

と書ける．n 回の観測はそれぞれ独立であるから，これらが同時に起こる確率 P は，

$$P = y_1 y_2 \cdots y_n = \frac{h_1 h_2 \cdots h_n}{(\sqrt{\pi})^n} \exp\{-(h_1{}^2 \varepsilon_1{}^2 + h_2{}^2 \varepsilon_2{}^2 + \cdots\cdots + h_n{}^2 \varepsilon_n{}^2)\} \tag{2.11}$$

で与えられる．この P を最大にするときが真値に対応すると考えられるから，次の条件式が得られる．

$$h_1{}^2 \varepsilon_1{}^2 + h_2{}^2 \varepsilon_2{}^2 + \cdots\cdots + h_n{}^2 \varepsilon_n{}^2 = \text{最小} \tag{2.12}$$

実際には真値は知りえないものであるから，真値に代わって最も確からしい値という意味の最確値 (most probable value) を用いる．そして観測値と最確値との差を残差 (residual) v_i と称し，これを誤差 ε_i の代用として使う．残差 v_i を使うと条件式は次式となる．

$$h_1{}^2 v_1{}^2 + h_2{}^2 v_2{}^2 + \cdots\cdots + h_n{}^2 v_n{}^2 = \text{最小} \tag{2.13}$$

一般に式 (2.13) は，式中の h の代りに重み p を用い，$p \propto 1/\sigma^2 \propto h^2$ の関係から，次式のように表す．

$$p_1v_1{}^2+p_2v_2{}^2+\cdots\cdots+p_nv_n{}^2=\text{最小} \tag{2.14}$$

重み p_i がすべて同一ならば，次式となる．

$$\sum_{i=1}^{n}v_i{}^2=v_1{}^2+v_2{}^2+\cdots\cdots+v_n{}^2=\text{最小} \tag{2.15}$$

この条件式は残差の2乗和を最小にすることであり，最小2乗法の呼び名の由来するところとなっている．

2.4 観測値の処理

2.4.1 独立直接観測の場合

1) 最確値　いま，ある量 X を同一器具を用い細心の注意を払って n 回独立に観測し，観測値 $l_1, l_2, \cdots, l_n$ を得たとする．X の最確値を x，残差を $v_1, v_2, \cdots, v_n$ とすると，

$$v_1=l_1-x, \quad v_2=l_2-x, \quad \cdots\cdots, \quad v_n=l_n-x \tag{2.16}$$

であり，最小2乗法の原理から，

$$\sum_{i=1}^{n}v_i{}^2=[vv]=(l_1-x)^2+(l_2-x)^2+\cdots\cdots+(l_n-x)^2$$

を最小にすればよい．したがって，

$$\frac{d[vv]}{dx}=-2\{(l_1+l_2+\cdots\cdots+l_n)-nx\}=0 \tag{2.17}$$

より，最確値 x は次のように求まる．

$$x=\frac{l_1+l_2+\cdots\cdots+l_n}{n}=\frac{[l]}{n} \tag{2.18}$$

これは算術平均値である．つまり同じ重みの観測値の算術平均は，最確値である．

重み p が異なる場合には，最確値 x は次式のようになる．

$$x=\frac{p_1l_1+p_2l_2+\cdots\cdots+p_nl_n}{p_1+p_2+\cdots\cdots+p_n}=\frac{[pl]}{[p]} \tag{2.19}$$

2) 最確値の標準偏差の推定　標準偏差 σ は，2.1節で述べたように誤差 ε の2乗の平均の平方根と定義される．すなわち，

$$\sigma=\sqrt{\frac{\sum_{i=1}^{n}\varepsilon_i{}^2}{n}}=\sqrt{\frac{[\varepsilon\varepsilon]}{n}} \tag{2.20}$$

実際には，知りえない誤差 ε に代わって残差 v_i を用い σ を推定する．

2.4 観測値の処理

そこで，まず誤差 ε_i は式 (2.1) より $\varepsilon_i = l_i - X$ であり，また残差 v_i は式 (2.16) より $v_i = l_i - x$ であるから，この両式から l_i を消去して次式を得る．

$$\varepsilon_i = v_i + (x - X), \quad i = 1, 2, \cdots, n \tag{2.21}$$

この両辺を 2 乗して加算すれば，次式となる．

$$[\varepsilon\varepsilon] = [vv] + 2[v](x - X) + n(x - X)^2 \tag{2.22}$$

式中，$[v] = 0$ である．また $(x - X)$ は，最確値のもつ真誤差とでもいうべき量で求めることができないから，近似値として最確値の標準偏差 σ_x を用いる．$\sigma_x = \sigma/\sqrt{n}$ であるから，式 (2.22) は次のようになる．

$$[\varepsilon\varepsilon] = [vv] + \sigma^2 \tag{2.23}$$

式 (2.23) を式 (2.20) に代入して次式を得る．

$$\sigma = \sqrt{\frac{[vv]}{n-1}} \tag{2.24}$$

これが，残差 v_i を用い観測値 l_i の標準偏差 σ を求める式である．

したがって最確値 x の標準偏差 σ_x は，次のようになる．

$$\sigma_x = \frac{\sigma}{\sqrt{n}} = \sqrt{\frac{[vv]}{n(n-1)}} \tag{2.25}$$

重み p が異なるとき，各観測値の標準偏差 σ_i は次のように求まる．

$$\sigma_i = \frac{\sigma}{\sqrt{p_i}} = \sqrt{\frac{[pvv]}{p_i(n-1)}} \tag{2.26}$$

最確値の標準偏差 σ_x は，次式のようになる．

$$\sigma_x = \frac{\sigma}{\sqrt{[p]}} = \sqrt{\frac{[pvv]}{[p](n-1)}} \tag{2.27}$$

【例題 2.3】 2 点間の距離を同じ重みで独立に 6 回観測し，次の結果を得た．最確値とその標準偏差を求めよ．

28.123　28.125　28.128　28.125　28.123　28.126 m

【解】 最確値

$$x = \frac{[l]}{n} = \frac{168.75}{6} = 28.125 \text{ m}$$

残差 2 乗和 $[vv]$ は，

$$v_1 = 28.123 - 28.125 = -2 \text{ mm}, \quad v_1{}^2 = 4$$
$$v_2 = 28.125 - 28.125 = 0 \text{ mm}, \quad v_2{}^2 = 0$$
$$v_3 = 28.128 - 28.125 = +3 \text{ mm}, \quad v_3{}^2 = 9$$
$$v_4 = 28.125 - 28.125 = 0 \text{ mm}, \quad v_4{}^2 = 0$$
$$v_5 = 28.123 - 28.125 = -2 \text{ mm}, \quad v_5{}^2 = 4$$
$$v_6 = 28.126 - 28.125 = +1 \text{ mm}, \quad v_6{}^2 = 1$$
$$[vv] = 18$$

ゆえに,標準偏差 σ_x は,

$$\sigma_x = \pm\sqrt{\frac{[vv]}{n(n-1)}} = \pm\sqrt{\frac{18}{6\times 5}} \fallingdotseq \pm 0.8 \text{ mm}$$

【例題 2.4】 同じ角度を異なった回数で観測して次の結果を得た.最確値と標準偏差を求めよ.

45°37′18″(2 回観測), 45°37′22″(3 回観測), 45°37′24″(4 回観測)

【解】 式 (2.19) より,

$$\frac{2\times 18'' + 3\times 22'' + 4\times 24''}{2+3+4} = 22''$$

ゆえに,最確値は $x = 45°37'22''$.

標準偏差は,式 (2.27) より,

$$\sigma_x = \pm\sqrt{\frac{2\times 4^2 + 3\times 0^2 + 4\times 2^2}{9\times(3-1)}} \fallingdotseq \pm 1.6''$$

2.4.2 独立間接観測値の処理

測量では,求めたい量をそれと関数関係にある他の量の観測結果を用いて計算などにより間接的に求めることがよくある.三角形の1辺と2角の観測値から他の2辺を算定する場合などがこれに当たるが,ここではスタジア測量で夾長の観測値から距離を算出したり,流水の速度を流速計の回転数から求めたりする場合を例にとることにする.この場合,次のような1次式から計算する.

$$y = ax + b \tag{2.28}$$

この式を用いるとき,係数 a, b をあらかじめ決定しておかなければならない.そのために x と y を数回観測し,最小2乗法を適用して a, b の最確値を次のように求める.

まず x と y の n 組の観測値を式 (2.28) に代入すれば,

$$y_1 = ax_1 + b, \quad y_2 = ax_2 + b, \quad \cdots\cdots, \quad y_n = ax_n + b \tag{2.29}$$

となる.ところが実際には,観測誤差が含まれるから等号が成り立たず,

$$v_1=(ax_1+b)-y_1, \quad v_2=(ax_2+b)-y_2, \quad \cdots\cdots, \quad v_n=(ax_n+b)-y_n \quad (2.30)$$

のような残差 v_i を生じる．したがって，

$$[vv]=(ax_1+b-y_1)^2+(ax_2+b-y_2)^2+\cdots\cdots+(ax_n+b-y_n)^2$$

を最小にするような a, b を求めればよい．すなわち，

$$\left.\begin{aligned}\frac{\partial[vv]}{\partial a}&=2\{a[xx]+b[x]-[xy]\}=0\\ \frac{\partial[vv]}{\partial b}&=2\{a[x]+nb-[y]\}=0\end{aligned}\right\} \quad (2.31)$$

この連立方程式を解いて a, b の最確値が次のように求まる．

$$a=\frac{[x][y]-n[xy]}{[x][x]-n[xx]}, \quad b=\frac{[x][xy]-[y][xx]}{[x][x]-n[xx]} \quad (2.32)$$

【例題 2.5】 下表に示す流速計の検定結果から，直線式 $y=ax+b$ の係数 a, b を最小2乗法により決定せよ．

毎秒回転数 x	0.25	0.50	0.75	1.00	1.25	1.50	1.75	2.00
流速 y (m/s)	0.25	0.45	0.60	0.80	1.00	1.20	1.35	1.55

【解】 式 (2.32) より，

$$a=\frac{9.00\times 7.20-8\times 10.05}{9.00\times 9.00-8\times 12.75}=0.743$$

$$b=\frac{9.00\times 10.05-7.20\times 12.75}{9.00\times 9.00-8\times 12.75}=0.064$$

2.4.3 条件付き観測値の処理

未知量の間に満足すべき条件式が存在するときの観測を条件付き観測という．例えば，三角測量において三角形の内角の観測を行う場合，内角の和は 180° でなければならない．このような条件付き観測値の誤差を合理的に処理して最確値を求めるためには，一般にラグランジュ (Lagrange) の未定係数法が用いられる．

観測値 l_i，最確値 x_i，残差 v_i との間に次の n 個の関係がある．

$$v_i=l_i-x_i, \quad i=1, 2, \cdots, n \quad (2.33)$$

最確値 x_i は，次の m 個の条件式を満足すべきものとする．

$$\left.\begin{aligned}&a_0+a_1x_1+a_2x_2+\cdots\cdots+a_nx_n=0\\&b_0+b_1x_1+b_2x_2+\cdots\cdots+b_nx_n=0\\&\quad\cdots\cdots\cdots\cdots\cdots\\&m_0+m_1x_1+m_2x_2+\cdots\cdots+m_nx_n=0\end{aligned}\right\} \quad (2.34)$$

式 (2.33) を式 (2.34) に代入すれば，次の残差に関する条件式が得られる．

$$\left.\begin{aligned}\varphi_1&=a_1v_1+a_2v_2+\cdots\cdots+a_nv_n+w_1=0\\ \varphi_2&=b_1v_1+b_2v_2+\cdots\cdots+b_nv_n+w_2=0\\ &\quad\cdots\cdots\cdots\cdots\cdots\\ \varphi_m&=m_1v_1+m_2v_2+\cdots\cdots+m_nv_n+w_m=0\end{aligned}\right\} \quad (2.35)$$

式中，w_i は閉合差 (error of closure) で，次式のように表される．

$$\left.\begin{aligned}w_1&=-(a_0+a_1l_1+\cdots\cdots+a_nl_n)\\ w_2&=-(b_0+b_1l_1+\cdots\cdots+b_nl_n)\\ &\quad\cdots\cdots\cdots\cdots\cdots\\ w_m&=-(m_0+m_1l_1+\cdots\cdots+m_nl_n)\end{aligned}\right\} \quad (2.36)$$

ここで，ラグランジュの未定係数 λ を導入して，

$$\Omega=[vv]-2\lambda_1\varphi_1-2\lambda_2\varphi_2-\cdots\cdots-2\lambda_m\varphi_m$$

とおき，この Ω を最小にするように v を定めればよい．

$$\partial\Omega/\partial x_j=0, \quad j=1,2,\cdots,m$$

より，次式が得られる．

$$\left.\begin{aligned}v_1&=a_1\lambda_1+b_1\lambda_2+\cdots\cdots+m_1\lambda_m\\ v_2&=a_2\lambda_1+b_2\lambda_2+\cdots\cdots+m_2\lambda_m\\ &\quad\cdots\cdots\cdots\cdots\cdots\\ v_n&=a_n\lambda_1+b_n\lambda_2+\cdots\cdots+m_n\lambda_m\end{aligned}\right\} \quad (2.37)$$

この結果を式 (2.35) に代入すると，λ に関する m 元 1 次連立方程式が得られる．

$$\left.\begin{aligned}&[aa]\lambda_1+[ab]\lambda_2+\cdots\cdots+[am]\lambda_m+w_1=0\\ &[ba]\lambda_1+[bb]\lambda_2+\cdots\cdots+[bm]\lambda_m+w_2=0\\ &\quad\cdots\cdots\cdots\cdots\cdots\\ &[na]\lambda_1+[nb]\lambda_2+\cdots\cdots+[nm]\lambda_m+w_m=0\end{aligned}\right\} \quad (2.38)$$

これを解いて未定係数 $\lambda_1, \lambda_2, \cdots, \lambda_m$ を定め，式 (2.37) に代入して残差 $v_1, v_2, \cdots, v_n$ を求める．この v_i を各観測値 l_i に加算すれば，最確値 x_i が求まる．

2.4 観測値の処理

【例題 2.6】 三角形の内角を同じ重みで観測して l_1, l_2, l_3 を得た．各角の最確値を求めよ．

【解】 最確値 x_1, x_2, x_3 に対し，次の条件式が成り立つ．
$$x_1 + x_2 + x_3 = 180°$$
これを残差に関する条件式に書き直すと，次のようになる．
$$v_1 + v_2 + v_3 + w = 0$$
ただし，閉合差 w は $w = 180° - (l_1 + l_2 + l_3)$ である．

各角の最確値を決定するには，
$$[vv] - 2\lambda(v_1 + v_2 + v_3 + w) = 最小$$
を満たすようにすればよいから，v_1, v_2, v_3 で微分して 0 とおくことにより，
$$v_1 - \lambda = 0, \quad v_2 - \lambda = 0, \quad v_3 - \lambda = 0$$
となり，未定係数 λ が次のように定まる．
$$\lambda = v_1 = v_2 = v_3 \quad \therefore \lambda = -\frac{w}{3}$$
ゆえに，各角の最確値は，次のように求まる．
$$x_1 = l_1 + \frac{w}{3}, \quad x_2 = l_2 + \frac{w}{3}, \quad x_3 = l_3 + \frac{w}{3}$$

【例題 2.7】 図 2.2 のように ∠AOB，∠BOC，∠AOC を同じ重みで観測して，それぞれ 40°25′30″，20°52′45″，61°18′27″ を得た．各角の最確値を求めよ．

【解】 閉合差 $w = \angle AOB + \angle BOC - \angle AOC = -12''$．
各角の補正値を $\delta_1, \delta_2, \delta_3$ とすれば，
$$\delta_1 + \delta_2 - \delta_3 + w = 0$$
であり，最小 2 乗法の原理により，
$$\delta_1 = \delta_2 = (-\delta_3) = -\frac{w}{3}$$
となるから，各角の最確値は，次のようになる．すなわち，

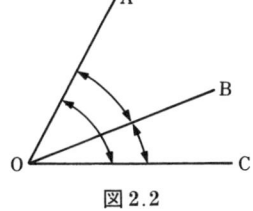

図 2.2

$$\angle AOB = 40°25'30'' + 4'' = 40°25'34''$$
$$\angle BOC = 20°52'45'' + 4'' = 20°52'49''$$
$$\angle AOC = 61°18'27'' - 4'' = 61°18'23''$$

3. 距離測量

ポイント 距離測量は測量の基本であり，距離を直接測るには巻尺などの単純な器具から電磁波による精密機械を用いる方法があり，間接的にはスタジア測量や三角測量方式，汎地球測位システム（GPS）などの方法がある．測量には目的に応じて要求される精度があるので，適切な方法を選択して行う必要がある．この章では使用器具，直接距離測量，間接距離測量，距離誤差と補正，電磁波測距儀による測量などについて述べる．

3.1 距離測量概説

3.1.1 距離の定義

測量における2点間の距離の定義には，測量規模と所用精度に応じて①東京湾平均海面を通る準拠楕円体面上に投影した距離，②平面直角座標による距離，③水平面状に投影した水平距離などがある．通常の狭い地域における局地測量では，距離といえば水平距離のことである．この他，斜距離と鉛直距離（高低差）に大別される（図3.1）．

3.1.2 分類

距離測量には様々な機器が利用でき，大別すると次のようである．

直接距離測量 測定しようとする区間の距離を長さの単位で測量するもので，巻尺や電磁波測距儀などが用いられる．

間接距離測量 測定しようとす

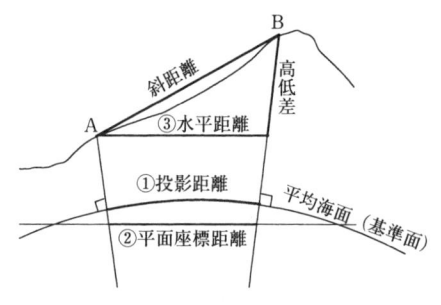

図3.1 距離の定義

表3.1 距離測量の精度（L：測定長）

直接距離測量	繊維製巻尺	1/1,000〜1/3,000
	鋼製巻尺	1/5,000〜1/50,000
	光波測距儀	$(2〜5)\text{mm}+(2〜3)\text{ppm}\times L$
間接距離測量	歩測	1/100〜1/200
	スタジア測量	1/200〜1/2,000
	三角測量	1/10,000〜1/2,000,000
	GPS測量	$(5〜20)\text{mm}+(1〜2)\text{ppm}\times L$

る区間の距離を光学原理や三角法などを適用して計算により間接に距離を求めるもので，歩測，スタジア測量，三角測量，GPSによる方法などがある．

3.1.3 精　　度

距離測量における精度は，一般に往復測定の差（較差）と測線長の比で表され，土地の利用状況による許容精度は，次のような目安がある．

　　　山　地　　1/500　〜1/1,000

　　　平坦地　　1/2,500〜1/5,000

　　　市街地　　1/10,000〜1/50,000

期待される許容精度を達成するためには，測量方法や測量機器による精度（表3.1）を考慮して，目的，測量条件（土地の利用状況・測定距離・期間・人数）などから最適な測量方法を選定する必要がある．

3.2　巻尺による距離測量

3.2.1　巻　　尺

巻尺の性能はJISにより定められており，ある程度の誤差が含まれていることを考えておかなければならない（表3.2）．巻尺で精度の高い測量を行う場合，巻尺固有の特性値を求めて測定距離の補正を行う必要があり，特性値は国土地理院が各地に設けている比較基線上で検定できる．特性値は，50.000 m＋5.2 mm

表3.2　巻き尺目盛の許容差（mm）　　　　　　（L：測定長）

	1級	2級	50 mにおける許容差	
	JIS B 7512	JIS B 7522	1級	2級
鋼製巻尺	$\pm(0.2+0.1L)$	$\pm(0.25+0.15L)$	± 5.2	± 7.8
繊維製巻尺	$\pm(0.6+0.4L)$	$\pm(1.2+0.8\ L)$	±20.6	±41.2

などと表示される．

1) 鋼製巻尺（steel tape measures） 鋼製巻尺は，炭素鋼やステンレス鋼を素材に用いて表面塗装を施したもの，鋼を心材にしてナイロンで被覆して錆びにくい工夫がしてあるものなどがあり，それらの表面に，1 mm単位の目盛や数値を印刷したものが一般的である．鋼製巻尺は折れ曲がりやすく，温度変化や張力に対して伸縮が大きいが，それを補正することにより高精度の値が得られる．

2) 繊維製巻尺（textile tape measures） 繊維製巻尺は，2～3万本のガラス繊維を30～40本により合わせて長さ方向に束ねたものを，塩化ビニールにより被覆して表面に目盛を印刷したものが主である．吸湿性による伸縮が小さく，軽量で取扱いが簡単，折れ曲がることがなく携行に便利であるが，使用による劣化で誤差が大きくなるので注意が必要である．目盛は1～10 mm単位で印刷されているテープと50 mm単位のロープがあり，期待する測量精度に合わせて使い分ければよい．

3.2.2 測量方法

1) 平坦地 2点間の距離は，往復測定によりそれぞれ読み手を交換して巻尺の最小目盛まで読み取り，往復の差が許容精度内であれば平均して測線長とする．その距離が巻尺より長い場合は中間点を設ける．中間点の設置は測量する2点にポールを垂直に立て，その見通し線上に巻尺で測定可能な長さで設置する．2点間を測定する場合，測定区間が傾斜していたり中間点が見通し線上からずれていると長く測定することになるが，高低差あるいは中間点からのずれは，50 mにつき約0.23 m以下であれば補正は必要ない．

中間点を設ける場合，2点（A，B）が見通しできないような傾斜変換点がある場合（図3.2），AよりBに向かってA，1，2を見通し，次にBより1の見通し線上に2を2′に移動する．これを繰り返すことにより A，1，2，Bが1本の見通し線上に並ぶ．この方法は窪地にも当てはまる．

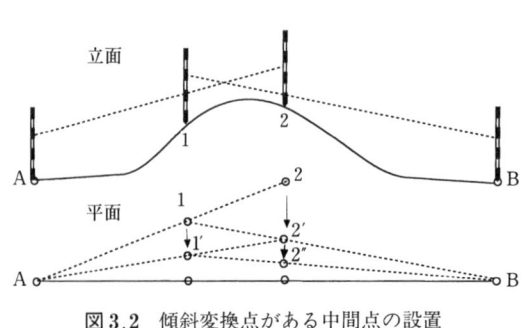

図3.2 傾斜変換点がある中間点の設置

2) 傾斜地 傾斜地で水平距離を測定する場合，2通りの方法がある（図3.3）．

① 斜距離から計算により水平距離を求める方法で，機器を用いて高低差（式 (3.1)）あるいは傾斜角（式 (3.2)）を用いればよい．式 (3.1) の最右式で求める場合，$L=50$ m 当り $h=$ 約5 m 以上になると1 mm 単位の長さに計算誤差が生じるので注意を要する．

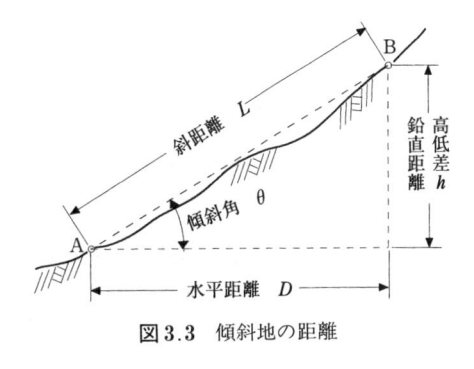

図3.3 傾斜地の距離

$$D=\sqrt{L^2-h^2}\fallingdotseq L-\frac{h^2}{2L} \tag{3.1}$$

$$D=L\cos\theta \tag{3.2}$$

② 巻尺とポールを用い，斜面を降りながらあるいは上りながら巻尺を水平に張り，階段状に水平距離を測定する方法がある（図3.4）．降測は登測に比べて作業がしやすい．

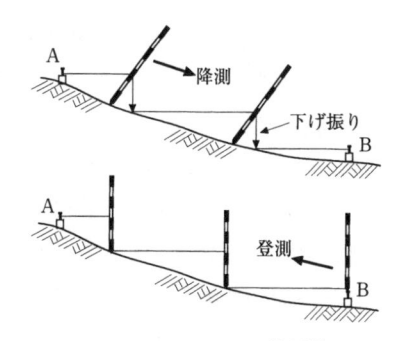

3) 精密な距離測量 鋼製巻尺を用いて高い精度の距離測量を行う場合の方法である（図3.5）．巻尺の全長より少し短い距離で測定杭の杭頭が同じ高さで打設する．

図3.4 傾斜地での距離測量

同じ高さにできないときは勾配を求める．測定杭の見通し線上に等間隔で支杭を千鳥に打ち，巻尺より幅の広い釘を支杭の内側に測定杭頭と同じ高さまたは一定勾配に打つ．測定杭の杭頭には，目盛を読むための十字の指標線を設ける．測定は，巻尺の一端をポールに固定し，他端にはスプリングバランスを取り付けて巻尺に表記してある張力で引き，測定杭の指標線上の目盛を合図と同時に読み取る．これを巻尺の目盛を少しずらして数回行い，さらに読み手を交換して繰り返す．巻尺の前後を反転して同じことを行う．測距作業中に適宜温度を測る．この方法で測定を行った場合，次項3.2.3で説明する 1）～7）により補正計算を行い，正しい距離を得る必要がある．

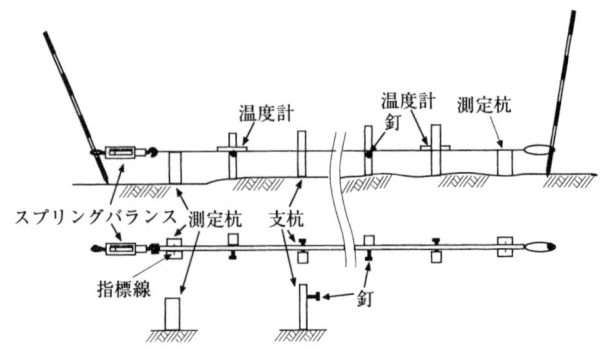

図3.5 精密な距離測量

3.2.3 誤差の種類と測定値の補正

測定した距離にはいろいろな誤差が含まれ，次のような種類がある．
① **器械誤差**：用いる機械・器具が正しくないために生じる誤差
② **自然誤差**：自然現象の変化の影響により生じる誤差
③ **偶然誤差**：測定中の気温の急変や張力が一定に保てないなどで生じる誤差
④ **個人誤差**：目盛を小さめ，あるいは大きめに読むなどの誤差
⑤ **過　　誤**：目盛や数値の読み違え，巻尺のたるみに気づかず測定した場合などによる誤差

①，②は補正計算によりその影響を取り除くか小さくすることができ，③，④は補正計算ができない．⑤は原因不明の誤差となるので，このような過失を生じないように注意して測量する必要がある．

測定値の補正計算を行う場合，その種類と関係式は次のとおりである．

1) 特性値（尺定数）補正　　標準尺と巻尺との誤差で，国土地理院の比較基線上の基線と比較して検定されるものである．

$$C_c = \pm \Delta l \frac{L}{l} \tag{3.3}$$

Δl：巻尺の尺定数，l：巻尺の全長，L：測定距離

尺定数の符号で，正は巻尺が伸びている場合，負は短い場合であり，50.000＋5.2 mm などと表示され，この巻尺の 50 m の長さは，5.2 mm 伸びていることを表している．

2) 温度補正　　距離測定時の温度 t が基準温度 t_0（20℃）と異なるときの

補正である．

$$C_t = \alpha L(t - t_0) \tag{3.4}$$

α：巻尺の熱膨張係数（鋼製巻尺 $\alpha \fallingdotseq 1 \sim 2 \times 10^{-5}$）

3) **張力補正**　巻尺を検定と異なる張力で引いたために生じる誤差である．

$$C_p = \frac{(P - P_0)L}{AE} \tag{3.5}$$

P：測定時の張力，P_0：巻尺の検定張力，A：巻尺の断面積，
E：巻尺の弾性係数（鋼製巻尺 $E \fallingdotseq 2.1 \times 10^5 \text{N/mm}^2$）

4) **たるみ補正**　巻尺の自重でたるむことにより生じる誤差である．

$$C_s = -\frac{L}{24}\left(\frac{wL_0}{P}\right)^2 \tag{3.6}$$

w：巻尺の単位長さ当りの質量，L_0：支点間距離

5) **傾斜補正**　測定区間が水平でない場合の補正であり（図3.3参照），最右式は L に比べて h が小さければ適用できる．

$$C_g = -L(1 - \cos\theta) \fallingdotseq -\frac{h^2}{2L} \tag{3.7}$$

6) **標高補正**　測定区間が基準面より高いところでとくに精密な距離測量を行う場合，基準面（平均海面）に投影した長さに換算して求められる．

$$C_h = -\frac{HL}{R + H} \fallingdotseq -\frac{HL}{R} \tag{3.8}$$

H：測定地点の平均標高，R：地球の半径（$R \fallingdotseq 6370 \times 10^3$m）

7) **総合補正**　測定長に対して上記の各補正を行う場合，まず温度，張力，たるみの各補正を施して標準状態の長さに換算し，その長さを用いて特性値補正を行い，それに傾斜，標高補正を行うのが理論的である．通常，これらの補正量は小さいので，測定長を用いて独立に求めた各補正量の代数和が総合補正量となる．

$$C = C_c + C_t + C_p + C_s + C_g + C_h \tag{3.9}$$

【**例題 3.1**】　50 m の巻尺を検定したところ，50 m + 5.2 mm を得た．この巻尺を用いて長方形の土地を測量し，48 m × 40 m の結果を得た．巻尺の検定前，後における面積の誤差を求めなさい．

【**解**】　①検定前の巻尺による面積：$A = 48.000 \times 40.000 = 1920.000$ m²，②検定後の巻尺による面積：48 m を測定したときの正しい長さ L_0 は，式 (3.3) より

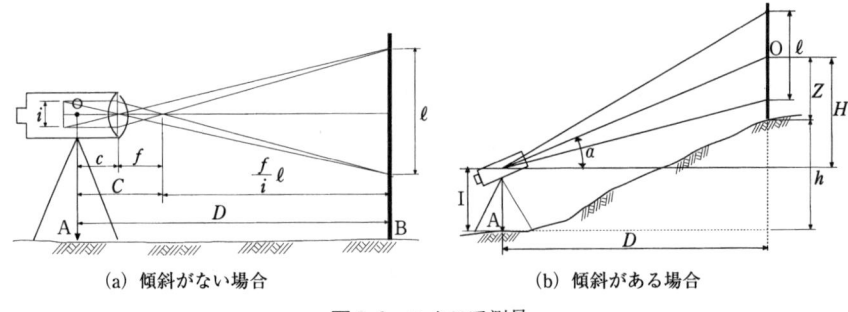

図3.6 スタジア測量

$$L_0 = L + \Delta l \frac{L}{l} = 48.000 + 0.0052 \times \frac{48.000}{50.000} = 48.005 \text{ m}$$

同様に，40 m の正しい距離は，40.004 m となる．正しい長さによる長方形の面積 $A_0 =$ 48.005×40.004＝1920.392 m², ③巻尺の検定前・後における面積の誤差 $\Delta A = A_0 - A =$ 1920.392－1920.000＝0.392 m²

3.3 間接距離測量

測定しようとする距離を巻尺などを使わないで間接的に測量する方法であり，概略の測定には歩測，光学的原理を用いるスタジア測量，三角網より算術的に求める三角測量，人工衛星と受信点の間の距離を知ることにより，自分の位置を求める汎地球測位システム（GPS）などがある．三角測量と GPS はそれぞれ 7，11 章で詳述する．

スタジア測量は，レベル，セオドライトなどの機器を用いて行う方法があり，平地ではレベルにより水平距離，傾斜地ではセオドライトで傾斜角の測定により水平距離と高低差が求められる．原理は，望遠鏡を水平にして標尺を視準した場合（図3.6 (a)），望遠鏡内の十字線の上下にある2本のスタジア線を利用して，距離 D の位置に垂直に立てた標尺を視準し，スタジア線にはさまれた長さを l（夾長），対物レンズの焦点距離を f，対物レンズから器械中心までの距離を c，スタジア線の長さを i とすれば，次式が得られる．

$$D = \frac{f}{i} l + f + c = Kl + C \tag{3.10}$$

K と C はスタジア定数であり，一般に $K=100$，$C=0$ としたものが多い．

器械を据えた点と標尺を立てた点の間に高低差がある場合（図3.6 (b)），標

尺の夾長 l と望遠鏡の十字横線における傾斜角 α を読み取り，次式により水平距離 D と高低差 H（$=h+I-Z$）を求めることができる．地盤の高低差 h を求める場合，$I=Z$ となるように標尺の目盛 O を視準すれば $H=h$ となり，計算値がそのまま 2 点間の高低差になる．

$$D=Kl\cos^2\alpha + C\cos\alpha, \qquad H=\frac{1}{2}Kl\sin 2\alpha + C\sin\alpha \qquad (3.11)$$

一般に，スタジア測量は迅速で便利である反面，高い精度は期待できず，100 m 以内の測量では，距離測定で 1/200〜1/500 程度，高低差で数 cm〜30 cm 程度の誤差があり，測定距離と高低差が大きくなるほど精度は悪くなる．

この他，平板測量で使用するアリダードによるスタジア法もあるが，レベルやセオドライトによる方法より精度が悪いので適用されることはほとんどない．

3.4 電磁波測距儀

3.4.1 概　　説

電磁波は光波や電波の総称であり，電磁波の大気中における速度がほぼ一定で伝わる性質を利用している．電磁波を用いて距離測定を行う装置を総称して電磁波測距儀といい，光波測距儀と電波測距儀がある．測距儀の測定誤差 ΔL は一般に次式で表され，測定距離の誤差は，長さに関わらない器械固有の誤差と距離に比例する誤差で構成される．

$$\Delta L = \pm(a + b_{\mathrm{ppm}} \times L)\,\mathrm{mm} \qquad (3.12)$$

a：位相測定誤差や器械固有の誤差，b_{ppm}：大気などの影響による周波数変動の誤差

電磁波測距儀の種類により，使用する電磁波の周波数や測定距離，測定誤差は異なるが（表 3.3），近距離でも数 mm の器械固有の誤差があるので測定距離が長いほど測定精度は高くなる．また，距離は斜距離を測定するので，水平距離に換算しなければならない．

表 3.3　電磁波測距儀の比較

種　類	電磁波	測定距離	測定誤差
光波測距儀	0.64〜 0.9 μm	10 m〜20 km	(2〜5)mm+(2〜3)ppm×L
電波測距儀	0.3 〜10 GHz	100 m〜80 km	(10〜30)mm+(2〜4)ppm×L

3.4.2 測定原理

電磁波測距儀には位相比較法という原理が用いられている。図3.7で示すように，Aの測距儀から電磁波を複数の高周波に変調して発射したものを，Bの反射地点では

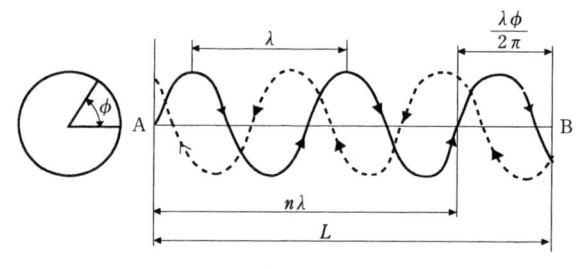

図3.7 2点間の電磁波の往復

受信波をそのままあるいは増幅して反射波として送り返し，2点間を往復した発射波と反射波により次式から距離が求められる．

$$L=\frac{\lambda}{2}n+\frac{\lambda}{2}\frac{\phi}{2\pi}=\frac{c}{2f}\left(n+\frac{\phi}{2\pi}\right) \tag{3.13}$$

λ：波長（$=c/f$），$n=$電磁波が往復したときの波数，ϕ：発射波と反射波の位相差，c：大気中の波の速度，f：周波数

この測定では，ϕは測定できるがnは測定できないため，$n=0$となるような長い波長で大きいオーダーの距離を求め，次オーダー以降の細かい距離はそれより短波長の電磁波を往復させて求められる．この距離測量の誤差は，ϕ測定による誤差であり，ϕの測定誤差は測定距離の大きさに関係しない特徴をもつ．

3.4.3 電磁波測距儀の特徴

1) 光波測距儀（electro-optical distance measuring instrument, EODM）
光波測距儀はGaAsの発光ダイオードによる近赤外線やHeNeレーザを光源とするが，光源そのものの固有波長を用いるのではない．光を所定の周波数で点滅させて強弱の大きな波動（変調光）として測距儀から発射し，目標点に据えた反射プリズムで反射して返ってくる反射光の位相と発射光の位相との差より距離を測定するものである．実際の装置では，精度や利便性が向上するように，光学的，電子的，機械的に様々な工夫がこらされている．

光波測距儀による測定例を示すと，ある距離Lを測定する場合，式 (3.13) より変調周波数fが15 MHz（メガヘルツ），大気中の光の速度を3×10^8m/sとすると変調波の波長λは20 mであり，距離Lの中には変調波の半波長（$\lambda/2$）がn個と半波長に満たない端数$\phi/2\pi$が含まれる．この端数を位相差計で読み

取れば10m以下の距離が求められる．例えば，879.281mを測定する場合，15MHzの変調波では，10mの倍数ごとに2πとなるので，実際の距離が879.281mでも9.281mとしか読み取れない．それ以上の距離は別の変調波0.15MHzを用いれば1,000m以下の879.3mが求められ，全距離は信頼できる数値を合成して測定される．距離測定の精度は位相差の測定精度に依存するので，位相差は1/1,000～1/2,000の細かさで測定している．1,000mを超える距離には，周波数が少し異なる0.165MHzの変調波を送ると，光の干渉作用により長い波長の変調波（0.165－0.15＝0.015MHz）が得られるので10kmまで測定され，その位相差から信用できる数値を採用して距離が測定される．測定できる距離の範囲は，光源の種類や反射プリズム素子数により異なるので，測定距離に適合した機器を組み合わせて用いる必要がある．また，光波測距儀は精密機械であるので，定期的な点検と各地にある国土地理院の電磁波測距儀比較基線場で比較検査を行う必要がある．

光波測距儀には，セオドライトと一体化して距離と角度（傾斜角，水平角）が同時に自動的に測定されるトータルステーションと呼ばれる型式と，距離測定専用のものでセオドライト頭に搭載するかそれ単体で使用する型式があり，現在は，利便性に優れているトータルステーションが主流である（図3.8）．また，反射プリズムを用いなくても条件がよい場合は百数十m程度測定できるノンプリズム型式もある．

2) 電波測距儀（microwave distance meter, MDM）
電波測距儀は電波を送信する主局とこれを受けて主局に送り返す従局から構成される．電波はある程度広がりながら進むので，障害物から反射してきた電波により測定が妨害されるおそれがある．そのため従局からの反射波は受信波と異なる周波数で主局に送り返して測定を行うが，地上で反射する間接波は避

(a) 送光部（トータルステーション）　(b) 反射プリズム

図3.8　光波測距儀の例（ソキア製）

けることができず誤差の原因になる．そのために，電波の周波数を数百 MHz の範囲で変えて測定し，その平均を取ることで誤差の影響を小さくする．電波は大気の透明度に影響されないので，雨や霧などの天候障害に影響を受けにくい利点がある反面，日本は国土が狭く電波の周波数割当てが厳しいこと，また光波測距儀が普及していることから，現在では用いられることが少ない．

3.4.4 測定値の補正

測距儀による距離測定の補正には，次のような項目がある．

1) 気象補正　電磁波の伝播速度は大気中での屈折率に反比例する．屈折率は大気の気温，気圧，湿度により影響を受けるので，同一周波数の電磁波を用いても速度が異なり，そのため波長も変わるので測定距離に誤差を生じる．

光波測距儀による測定距離 L_s は，測距儀が採用している標準大気における距離を指示することから，測定時の大気に対する補正が必要となる．測距儀が採用している標準大気の屈折率を $n_s = 1 + \Delta s$，測定時の大気の屈折率を $n_0 = 1 + \Delta n$ とすると，補正計算は次式となる．

$$L = L_s \times \frac{n_s}{n_0} = L_s + \frac{\Delta s - \Delta n}{1 + \Delta n} L_s \quad (3.14)$$

2) 測定区間の水平距離　図 3.9 に示すように，測定地点 AB に高低差 h がある場合の水平距離 D は，次式で求められる．

$$D = L_s \cos\theta \quad (3.15)$$

3) 標高補正　基準面上での座標位置を決定する場合，水平距離 D を標高補正をする必要があり，次式により計算される．

$$D_0 = D \frac{R}{R + H_m} \quad (3.16)$$

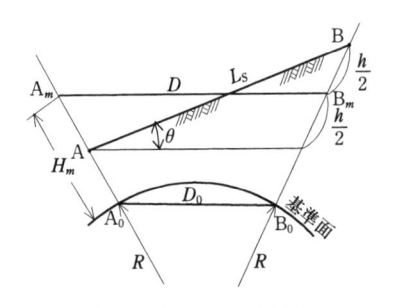

図 3.9 斜距離と水平距離

R：地球の平均曲率半径（$= 6,370$ km），H_m：測定地点の標高の平均

4) 平面直角座標系の補正　上記より求めた距離は準拠楕円体面上の距離であるが，地形図で示される平面直角座標系の距離と一致しない．平面直角座標系の距離とするには，平面直角座標の距離 L と準拠楕円体面の距離 L_0 の比である縮尺係数を乗じて求める．わが国の縮尺係数は，1 ± 0.0001 の範囲にしている．

4. 水準測量

ポイント 水準測量は高低測量ともいわれ，地球上の諸点の高低差を求めるための測量である．これと平面測量とを併用することによって地形を立体的に表すことができる．

水準測量は，主にレベル（水準儀：level）と呼ばれる水平線を求める器械と標尺を用いて直接に高低差を測定する"直接水準測量"と，鉛直角（または高度角）と水平距離を用いて計算により間接的に高低差を求める"間接水準測量"に大別される．間接水準測量には，三角水準測量，気圧水準測量，平板測量，スタジア測量，航空写真測量などによる水準測量があるが，この章では直接水準測量について述べる．

4.1 水準測量の用語

ここでは水準測量全般に関係する主な用語について説明する．

① **水準面**（level surface）　その面上の各点で重力の方向に垂直な曲面すなわちジオイド（geoid）面である（図4.1）．

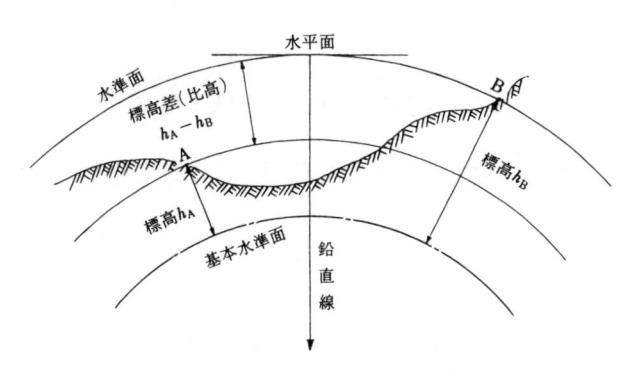

図4.1 水準面，水平面，標高

② **水準線**（level line） 地球の中心を含む平面と水準面との交わり

③ **水平面**（horizontal plane） 水準面の1点においてこれに接する平面

④ **水平線**（horizontal line） 水準線の1点においてこれに接する直線

⑤ **標高**（height あるいは elevation） 基本水準面よりある点に至る鉛直距離

⑥ **基本水準面**（datum plane） 点の高さを表す基準となる水準面

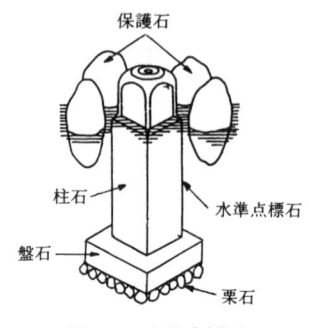

図4.2 水準点標石

国土地理院では，1873～1879年（明治6～12年）の6年間にわたって，東京湾霊岸島において測定した潮位を平均して求めた東京湾平均海面（mean sea level）を基本水準面としている．しかし，この基本水準面は仮想の平面であって，実際に測量に利用するには不便である．これを実用化するために不動の点を陸地部に設け，その高さを正確に定め，これを測量の高さの基準として用いることにした．この不動の点が"日本水準原点"で，その高さは東京湾平均海面上24.4140 m と定められた．

⑦ **水準点**（bench mark, B.M.） 基本水準面から最も正確にその高さを求めてある点であり，その後の水準測量の基準となる点である．また他の任意点の高さを測るときに用いるものである（図4.2）．

わが国では，国土地理院が日本水準原点から出発して国道および主な府県道に沿って2 kmごとにこれを設置し，その位置および標高を記入した水準測量成果表および地図を発行している．

4.2 直接水準測量の器械・器具

ここでは，直接水準測量に使用する器械・器具の種類およびその取扱いについて述べる．

4.2.1 レベルの種類

水準測量で最も大切な器械は，レベル（水準儀）と呼ばれる光学器械である．これは視準線を水平に保つ装置を主な装置としてもつ器械で，簡単なハンドレベ

ルから高精度の精密レベルに至るまで多くの種類のレベルがある．以下主なレベルについて説明する．

1) ハンドレベル (hand level)　きわめて簡単なレベルであって手持ちで水平を見る器械であり，踏査や予測などによく用いられる（図

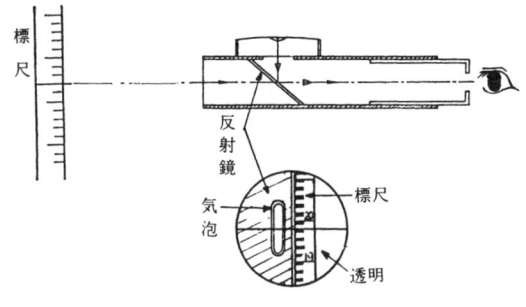

図4.3　ハンドレベル

4.3)．図4.3に示すように長さ15cm程度の円筒形で，その上部に小さい気泡管が取り付けられている．筒内には左半分に視準線と45°の傾きをした反射鏡があり，鏡の中央を通って横線が1本張ってある．ハンドレベルをほぼ水平にして，視準孔から視準すると気泡管の気泡が鏡に反射して見える．このとき，視準線が水平となれば，気泡は横線で2等分されるから，横線と一致した標尺の目盛を読めば，観測者の眼の高さと同じであることがわかる．

2) クリノメータハンドレベル (clinometer hand level)　これは，ハンドレベルと同じような構造であるが，気泡管のある箇所に鉛直目盛とバーニヤを取り付けたハンドレベルであって，傾斜角の測定もできる．

　傾斜角を測定するには，まず目標を視準して，気泡管の気泡が反射鏡の中央にくるように気泡管を回転させ，そのとき一緒に動いた目盛盤の角度を読み取ればよい．

3) ティルティングレベル (tilting level)　ティルティングは傾けるという

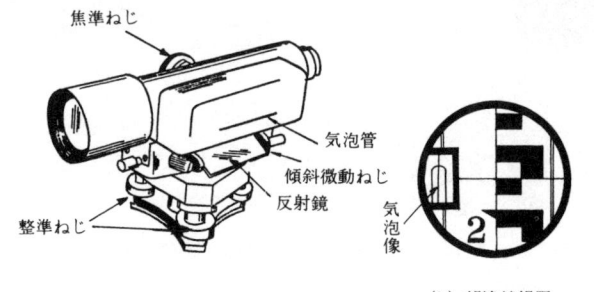

図4.4　ティルティングレベル

意味で，鉛直軸に関係なく視準線だけを微傾斜させることができるようになっており，鉛直軸を動かすことなく気泡を中央に合わせることができる（図4.4）。これらのレベルは早く据付けができるのでクイックセットレベル（quick set level）ともいわれている。

このレベルでは，図4.4（b）に示すように気泡管の気泡が正しく中央にあるかどうかを，プリズムを通して見た気泡像が合致しているかどうかによって判断する，いわゆる像合致方式がとられている。

4）自動レベル（auto level）　自動レベルは，円形水準器の気泡を整準ねじでほぼ中央にもってくるだけで，自動的に水平な視準線が得られる（図4.5）。

このレベルの特徴は，他のレベルのような視準線の水平を知るための管形水準器はなく，自動的に視準線を水平にする自動補正装置（compensator）とその揺れ止めともいえる制動装置（damper）のしくみをもつことである。この自動補正のしくみは，望遠鏡内に吊り線で吊り下げられた反射鏡またはプリズムが，望遠鏡の傾きに関係なく鉛直方向を保つことを利用し，対物鏡より入射した光線を自動的に水平にするというものである。

自動補正装置の振動を早く止め，振動によるふらつきを制御する目的で工夫されたのが制動装置（ダンパー）である。

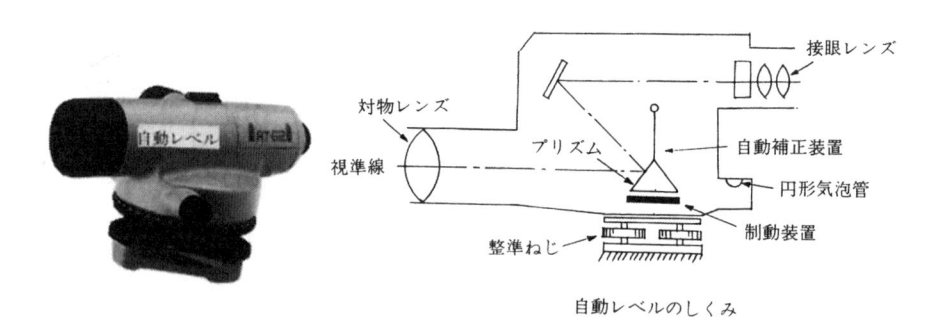

図4.5　自動レベル

4.2.2　気泡管

水準測量では，水平視準線を得ることが大切であり，そのため気泡管は重要な役目を果たしている。

1）気泡管の構造　気泡管には，図4.6に示すような管形気泡管と円形気泡

管とがある．気泡管は円筒形ガラス管の内側上面を所要の半径の円弧とし，その中にアルコール，石油またはエーテルのような粘性の少ない液体を満たし，一部に気泡 (air bubble) を残して両端を閉じたものである．気泡管には気泡の位置を読むために，ガラス面に 2 mm 間隔の目盛線が中央から左右に刻まれていて金属製の外管に収められている．目盛の中央点における円弧への接線を気泡管軸線といい，そして気泡が中央から左右等距離にあるとき，気泡管軸線は液面と平行となり水平となる．円形気泡管は，気泡を中央の合わせ円の中にもってくることにより，気泡管軸線は水平となる．

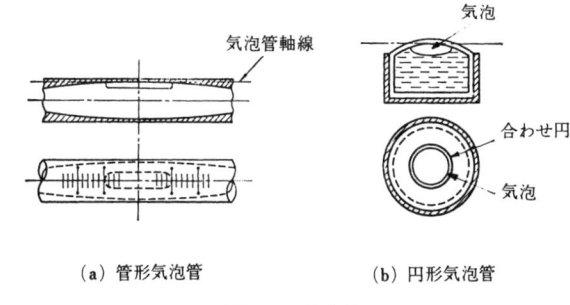

(a) 管形気泡管　　(b) 円形気泡管

図 4.6　気泡管

2) 気泡管の感度　気泡管の 1 目盛（普通 2 mm）だけ移動するときの気泡管の傾き，すなわち，1 目盛に対する中心角を気泡管の感度 (sensitivity) という（図 4.7）．

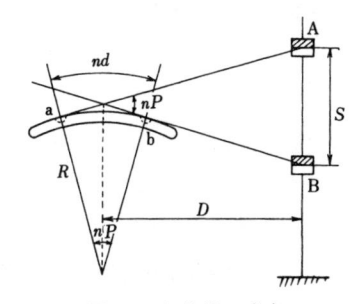

気泡管の感度の表し方には，次の 2 つの方法がある．

① 気泡管の曲率半径の大小で表す方法（曲率半径が大きいほど感度はよい）

② 気泡管の 1 目盛（普通 2 mm）の中心角の大小で表す方法（中心角が小さいほど感度がよい）

気泡管の感度 P は，次のようにして測定することができる．

図 4.7 において，器械の中心から約 100 m 離れたところに標尺を正しく立てる．器械を据え気泡を中央より少し一端近くに置き，そのとき標尺の読み A と気泡管の位置 a を記帳する．次に気泡を他端の方へ少し移動させ，そのとき標尺の読み B と気泡管の位置 b を記帳する．

気泡管 1 目盛の長さを d，気泡が移動した目盛数を n とすると，気泡の動いた距離は nd となる．この円弧 nd を直線と考えると次式が

図 4.7　気泡管の感度

得られる．

$$\frac{nd}{R}=\frac{S}{D} \quad \therefore R=\frac{ndD}{S}$$

D：器械から標尺までの距離，S：標尺の読みの差（A－B），R：気泡管の曲率半径

また，1ラジアンは 206,265″ であるから，気泡管の感度 P が次のように得られる．

$$P=\frac{d}{R}\times 206,265''=\frac{S}{nD}\times 206,265''$$

【例】 いま，距離 $D=100$ m，標尺の読みの差 $S=9.6$ cm，気泡の移動量 $n=5$ のときの気泡管の感度 P を求めると，次のようになる．

$$P=\frac{S}{nD}\times 206,265''=\frac{0.096}{5\times 100}\times 206,265 \fallingdotseq 40''$$

また，気泡管の1目盛の長さを2mmとすれば，曲率半径は次のようになる．

$$R=\frac{ndD}{S}=\frac{5\times 0.002\times 100}{0.096}\fallingdotseq 10 \text{ m}$$

4.2.3 標　　　尺

これは，直接水準測量に用いられる目盛を記した度器で標尺（staff or leveling rod）という．レベルの望遠鏡の水平視準線の高さを示すための器具である．板形または箱形の断面をしているので箱尺ともいわれる．

1) 標尺の種類　　標尺は大別して，ターゲット標尺（target rod）と自読標尺（self-reading rod）がある（図 4.8）．

ターゲット標尺には紅白に塗り分けたターゲット（target）とバーニヤを有し，標尺手が観測者の指揮に従いこれを上下させ，望遠鏡の十字線がターゲットと一致したとき合図して，標尺手が目盛を読み取る．この標尺は河川の両岸で測量するような遠距離を視準する場合とか，または正確を要するときに好都合である．

自読標尺は観測者自身が望遠鏡で視準すると同時に十字線の位置を読み取るものである．標尺手はただ標尺を鉛直に立てておればよいから，作業が迅速にでき，普通の水準測量では十分の精度を得ることができ，広く用いられている．

2) 標尺使用上の注意　　水準測量では，標尺を鉛直に立てることと，立てた点が動かないことが絶対に大切である．このため次の事項について注意する．

4.2 直接水準測量の器械・器具

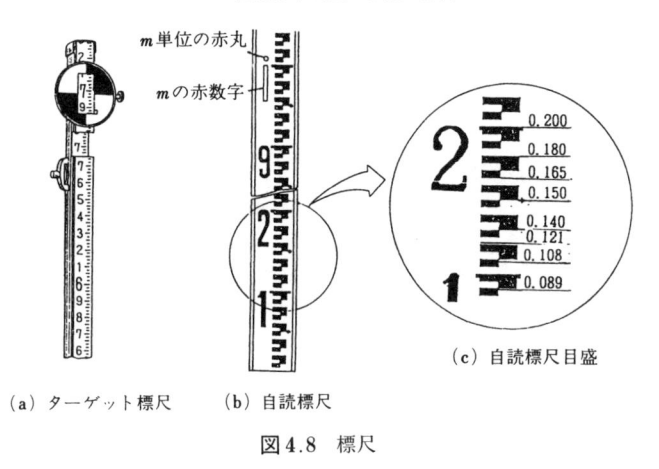

図4.8 標尺

(a) ターゲット標尺　(b) 自読標尺　(c) 自読標尺目盛

① 標尺手は標尺を鉛直に立てること．標尺には簡単な水準器がついているが，これは感度も鈍く狂いやすいから参考程度にとどめ，標尺手の熟練による方がよい．

② 標尺の前後の傾きは発見しにくいので，観測者は標尺手に静かに前後に傾けさせて，そのときの最小の読みを取る．

③ 標尺の中身を引き出したとき，上下の継ぎ目の目盛が正確につながっているかどうかを検査する．

④ 標尺を立てる点は，移動や沈下をしないところを選ぶこと．とくに前後視をとる重要な点では沈下を防ぐため鉄製の標尺台（foot plate）を用いることもある．

4.2.4 レベルの調整

レベルはすべて使用前に正しいかどうかを検査して調整してから用いなければならない．

1) 調整の条件　レベルの調整は，器械の種類によってその方法が違うが，いずれも次の2条件を満足することを目的とする．図4.9において，視準線を C，水準器軸を L，鉛直軸を V とすると，

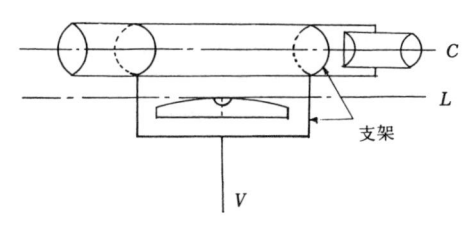

図4.9 レベルの調整

① 水準器軸を視準線に平行にする $(L//C)$.
この条件が満たされれば，気泡を中央にもってくることによって，視準線はいずれの方向に対しても水平になる．

② 水準器軸を器械の鉛直軸に直角にする $(L\perp V)$.
この条件が満たされれば，気泡を中央にもってくることによって，水準器軸はいずれの方向に対しても水平になる．

2) 杭打ち調整法　　視準線を水準器軸に平行にする調整法である．この方法は杭打ち調整法といわれるものである．

図4.10に示すように，ほぼ平坦な場所を選び60～100 m離れたA，B両点に杭を打ち，標尺を立て，AB上の中点Cを正確に定めてその点にレベルを据える．

A，Bの標尺の読みをそれぞれ a_1, b_1 とする．次にABの延長線上でAから 3～5 mぐらい離れた所Dにレベルを据えて，再びA，Bの標尺の読みを取り， a_2, b_2 とする． $a_1-b_1=a_2-b_2$ であれば，調整する必要がない．

そうでないときは，次のようにして調整する．

$a_1-b_1 \neq a_2-b_2$ の場合． a_2 を通る水平線とBの標尺との交点と b_2 との間隔は e で示される．またAB$=L$，AD$=l$，$(a_2-b_2)-(a_1-b_1)=d$ であるから，次式が得られる．

$$\frac{d}{L}=\frac{e}{l+L} \quad \therefore \quad e=\frac{l+L}{L}\times d$$

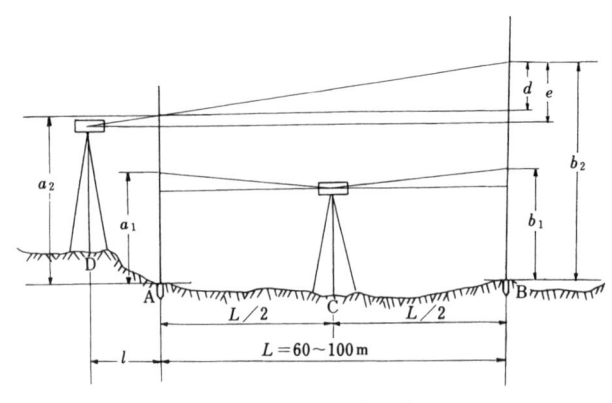

図4.10　杭打ち調整法

Bの標尺の読み b_2 から e だけ減じた値（e が負ならば加える）の標尺の位置に十字横線が一致するように十字横枠の調整ねじによって調整すればよい．

4.3 直接水準測量の方法

ここでは，直接水準測量の要領，野帳の記入および計算方法などについて説明する．

4.3.1 直接水準測量作業の用語

① **後視**（back sight, B.S.）　標高が既知である点または基準点に立てた標尺の読みをいい，正視（plus sight）ともいう．

② **前視**（fore sight, F.S.）　これから標高を求めようとする点に立てた標尺の読みをいい，負視（minus sight）ともいう．

③ **器械高**（instrument height, I.H.）　器械を水平に据え付けたときの望遠鏡の視準線の標高をいい，視準高（height of sight-line）ともいう．

④ **移器点**（もりかえ点，turning point, T.P.）　器械を据えかえるために，前視および後視をともに読み取る点

移器点は前後の測量の連絡をつける重要な点であるから移動したり，沈下したりすることのないようにしっかりした点を選ばねばならない．

⑤ **中間点**（intermediate point, I.P.）　単にその点の標高を求めるために，標尺を立てて前視だけをとる点

⑥ **地盤高**（ground height, G.H.）　地表面の標高を地盤高という．

4.3.2 直接水準測量の外業

図 4.11（a）において，1つの水平視準線を設け2点 A, B に立てた標尺を視準して，その読みを a, b とすれば，A, B間の高低差 h は，

$$h = a - b = (後視 \text{ B.S.}) - (前視 \text{ F.S.}) \tag{4.1}$$

となる．いま，点 A の標高 H_A が既知のとき，点 B の標高 H_B は次式で得られる．

$$H_B = H_A + a - b \tag{4.2}$$

次に，図 4.11（b）のように，点 A, B 間の距離が長く，視準距離が器械の有効視準距離以上となるときには，適当な区間に分けて移器点 C, D, E 点を設け

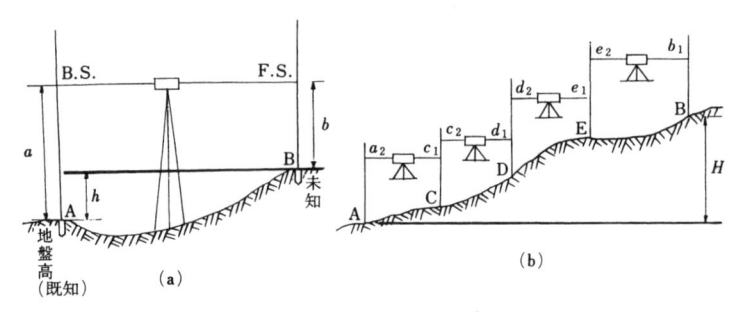

図 4.11 水準測量の方法

る.

そして，それぞれの区間で後視 (a_2, c_2, d_2, e_2) および前視 (c_1, d_1, e_1, b_1) をとると，A, B 間の高低差 H が次のように得られる.

$$H = (a_2 - c_1) + (c_2 - d_1) + (d_2 - e_1) + (e_2 - b_1) \quad (4.3)$$
$$= \Sigma \text{B.S.} - \Sigma \text{F.S.}$$

ゆえに，点 A, B の標高をそれぞれ H_A, H_B とすると，次式が得られる.

$$H_B = H_A + \Sigma \text{B.S.} - \Sigma \text{F.S.} \quad (4.4)$$

4.3.3 視準距離

レベルから標尺までの距離を視準距離という．視準距離を大きくとるほど，器械の据付け回数や視準回数などが少なくなり，作業が迅速で能率もよくなる．しかし，標尺の目盛を正しく読めなかったりする．

器械の性能，測量の精度，天候，地形などによって視準距離が異なってくる．普通のレベルでは，視準距離は 30～80 m が適当である．国土地理院では，1 等および 2 等水準測量ではそれぞれ 40 m および 60 m の視準距離をとっている．

図 4.12 に示すように，器械と両標尺までの視準距離が等しいとき，視準線 C が水準器軸 L に平行でなくてもこれによる誤差は消去される．

いま，点 A, B において視準線 C が水準器軸 L に平行でないために生じる標尺の読取り誤差を，それぞれ e_a, e_b とすると，点 A に立てた標尺の後視の読みは $a + e_a$，点 B の標尺の前視の読みは $b + e_b$ で示される．

点 A, B 間の高低差 h は，次式で示される．

$$h = (a + e_a) - (b + e_b) \quad (4.5)$$

また，両標尺までの視準距離が等しいので，$e_a=e_b$ となり，次式のように誤差が消去されて高低差 h が得られる．

$$h=a-b \qquad (4.6)$$

さらに，器械の取扱いも便利であるから，できるだけ視準距離は等しくするように心がける．

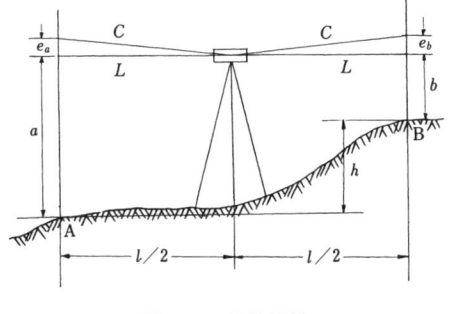

図 4.12 視準距離

4.3.4 野帳の記入法

水準測量の野帳の記入法には，昇降式と器高式の2つの方法がある．

1) 昇降式 図 4.13 の昇降式の水準測量の野帳の記入例を表 4.1 に示す．

表に示すように，後視から前視を引いた値が高低差となるから，その値が正（＋）ならば昇，負（－）ならば降の欄にそれぞれ記入し，1つ前の点の地盤高に昇・降の値を代数的に加えてその点の地盤高を求める方式である．測量の誤差がなかった場合は，(ΣB.S.$-\Sigma$F.S.) と（最後の地盤高－最初の地盤高）が一致すれば計算に誤りがなかったことになる．この方式は中間点が少ない場合に用いると都合がよい．

2) 器高式 図 4.14 の器高式の水準測量の野帳の記入例を表 4.2 に示す．

表に示すように，後視した点の地盤高に後視を加えると器械高となり，これから前視を減じると前視した点の地盤高が得られる方式である．この方式は中間点が数多くあるときに用いると都合がよい．

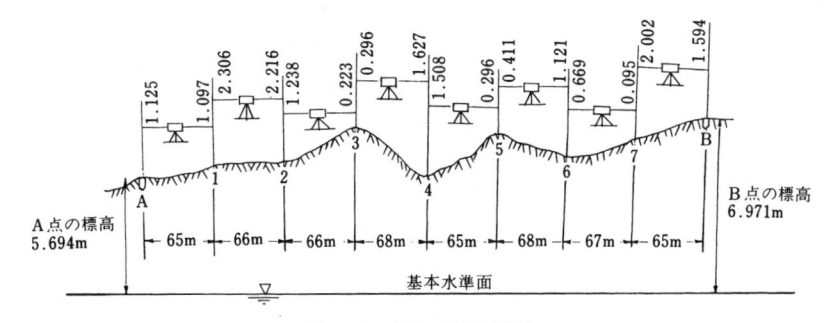

図 4.13 昇降式水準測量

4. 水準測量

表4.1 昇降式野帳の記入例

測点	距離(m)	後視(B.S.)	前視(F.S.)	昇(m)	降(m)	地盤高(m)	備考
A	0	1.125				5.694	A点の標高=5.694 m
1	65	2.306	1.097	0.028		5.722	
2	66	1.238	2.216	0.090		5.812	
3	66	0.296	0.223	1.015		6.827	
4	68	1.508	1.627		1.331	5.496	
5	65	0.411	0.296	1.212		6.708	
6	68	0.669	1.121		0.710	5.998	
7	67	2.002	0.095	0.574		6.572	
B	65		1.594	0.408		6.980	B点の標高=6.971 m
Σ	530	9.555	8.269	3.327	2.041		

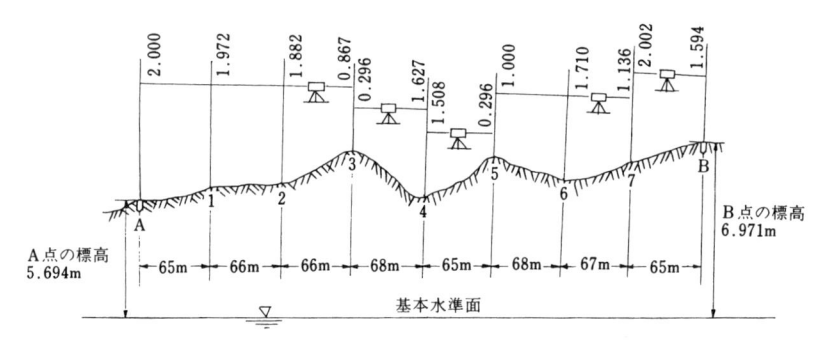

図4.14 器高式水準測量

表4.2 器高式野帳の記入例

測点	距離(m)	後視(B.S.)	器械高(I.H.)	前視(F.S.) 移器点(T.P.)	前視(F.S.) 中間点(I.P.)	地盤高(m)	備考
A	0	2.000	7.694			5.694	A点の標高=5.694 m
1	65				1.972	5.722	
2	66				1.882	5.812	
3	66	0.296	7.123	0.867		6.827	
4	68	1.508	7.004	1.627		5.496	
5	65	1.000	7.708	0.296		6.708	
6	68				1.710	5.998	
7	67	2.002	8.574	1.136		6.572	
B	65			1.594		6.980	B点の標高=6.971 m
Σ	530						

4.3 直接水準測量の方法

図 4.13 および図 4.14 はともに同じ水準路線と測点であるので，それぞれ等しい地盤高が得られている．

3) 水準誤差の調整　1つの水準路線についての水準測量は少なくとも往復 2 回の測量を行い，この 2 回の測定値の差が誤差である．また，水準路線が出発点に戻る閉合路線では，理論的には高低差は 0 であるから，(ΣB.S.$-\Sigma$F.S.) がその誤差となる．

これらの誤差が許容範囲内であれば，各測点の調整量は距離に比例するものとして配分する．すなわち，水準測量の誤差を e とすれば，各測点の調整量 d_i は次式で示される．

$$d_i = e \times \frac{始点からの距離}{路線の全長} \tag{4.7}$$

図 4.13 の水準路線の場合，B 点の標高 6.971 m の値は既知点であるので正しい値である．また，水準測量の結果得られた B 点の地盤高 h_B は，$h_B = 6.980$ m と 0.009 m だけ高い結果が得られている．これが誤差 e であるので，式 (4.7) に従って次のように各測点の調整量を計算する．路線の全長は 530 m である．

測点 1 の調整量 d_1 は，A～1 間の距離は 65 m であり，

$$d_1 = -0.009 \times \frac{65}{530} = -0.001 \text{ m}$$

測点 2 の調整量 d_2 は，A～2 間の距離は 65 m + 66 m = 131 m であり，

表 4.3　水準誤差の調整

測点	距離 (m)	後視 (B.S.)	前視 (F.S.)	昇 (m)	降 (m)	地盤高 (m)	調整値 (m)	調整地盤高 (m)	備考
A	0	1.125				5.694	0.000	5.694	A 点の標高 = 5.694 m
1	65	2.306	1.097	0.028		5.722	-0.001	5.721	
2	66	1.238	2.216		0.090	5.812	-0.002	5.810	
3	66	0.296	0.223	1.015		6.827	-0.003	6.824	
4	68	1.508	1.627		1.331	5.496	-0.005	5.491	
5	65	0.411	0.296	1.212		6.708	-0.006	6.702	
6	68	0.669	1.121		0.710	5.998	-0.007	5.991	
7	67	2.002	0.095	0.574		6.572	-0.008	6.564	
B	65		1.594	0.408		6.980	-0.009	6.971	B 点の標高 = 6.971 m
Σ	530	9.555	8.269	3.327	2.041				

$$d_2 = -0.009 \times \frac{131}{530} = -0.002 \text{ m}$$

以下同様に，表4.3のように各測点の調整量および調整地盤高が得られる．

4.3.5 交互水準測量

河川や谷を横断して水準測量を行う場合は，器械を中央に置くことができないので，前視・後視の視準距離が著しく異なり，不正確になるおそれがある．

この場合には，図4.15に示すように両岸で同じ器械を用いて水準測量を行う．両岸ではそれぞれ標尺と器械の位置を対称ならしめ交互に読みを取り，その高低差の平均を求める．これを交互水準測量（reciprocal leveling）という．

いま，図4.15においてAC＝BD＝lとし，点Cから2点A, Bの標尺の読みをa, b，視準誤差をe_a, e_bとする．同じく点Dから2点A, Bの標尺の読みをa', b'，視準誤差をe_a', e_b'とする．

2点A, Bの地盤高をH_A, H_Bとすれば，高低差hは，

$$h = H_B - H_A = (a - e_a) - (b - e_b) = (a' - e_a') - (b' - e_b')$$

で示されるが，$e_a = e_b'$, $e_b = e_a'$となるから高低差hは次式で得ることができる．

$$h = \frac{(a-b)+(a'-b')}{2} \tag{4.8}$$

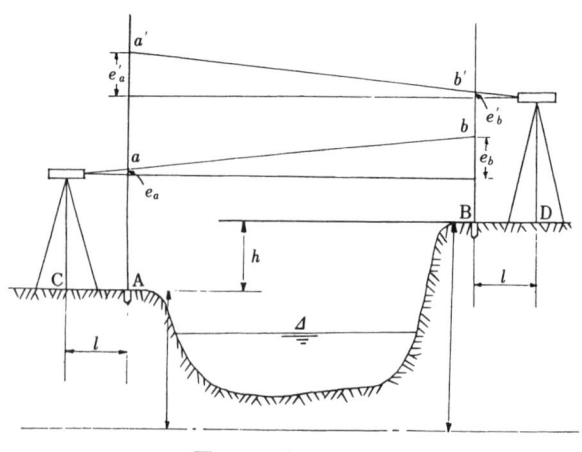

図4.15 交互水準測量

4.4 水準測量の誤差

ここでは,水準測量に伴う誤差とその消去法および許容誤差などについて説明する.

4.4.1 誤差の原因と消去法
水準測量の誤差の生じる原因には,次のようなものがある.
1) 器械誤差　器械の調整が不完全なために生じる誤差である.

① 対物レンズと接眼レンズの焦点面が合っていないために生じる読取り誤差を視差(parallax)という.望遠鏡で視準するときは,まず接眼レンズで十字線をはっきりさせてから,対物レンズで焦準する.

② 標尺の零目盛の位置が磨耗などで正しくないために生じる誤差,2本の標尺を用いる場合は,交互に標尺を使用し,最初の標尺点に立てた標尺を最後の標尺点に立てると各標尺の零点誤差を消去できる.

図4.16に示すように,標尺A,Bの零点誤差をe_A, e_Bとした場合,始点aと終点bの高低差hは,

$$h = (a+e_A) - (c+e_B) + (c'+e_B) - (b+e_A)$$
$$= (a-c) + (c'-b)$$

となり,零点誤差が消去できる.

2) 標尺の取扱いによる誤差　これは,4.2.3項の2)「標尺使用上の注意」

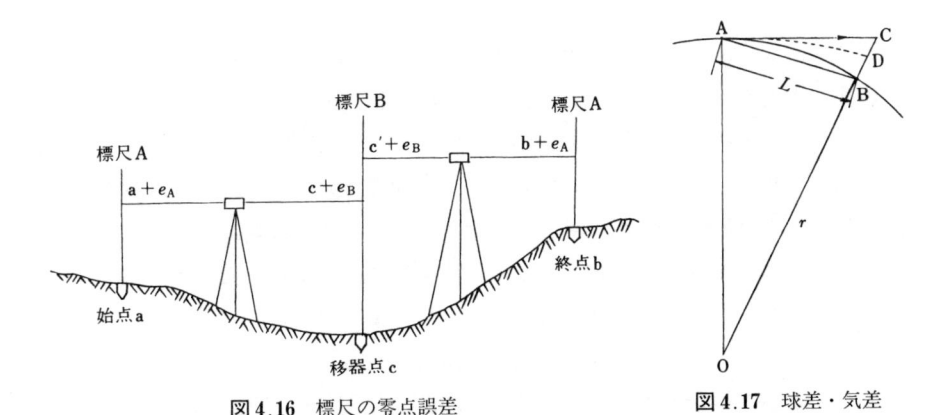

図4.16　標尺の零点誤差

図4.17　球差・気差

を参照のこと．

3) 球差・気差　地球表面は曲率を有する球面であるため，いま図4.17において2点間の距離が大きくなれば地表面の2点間A～Bを結ぶ線は円弧とみなされる．しかし，望遠鏡の視準線は水平であるのでC点を視準することになり，地球の球面であるための誤差，球差 (height correction for curvature) を生じる．その値は，$CB = L^2/2r$ となる．

また，光線は密度の異なる空気層を通過する場合，直進しないで屈折して1つの曲線A～Dを描く．このときの誤差を気差 (height correction for refraction) といい，その値は，$CD = kL^2/2r$ となる．ただし，k は屈折率で0.12～0.14が用いられる．

球差と気差の両方の誤差を合わせて考えたものを両差 (height correction for refraction and earth's curvature) といい，次の式で示される．

$$CB - CD = \frac{1-k}{2r}L^2 \tag{4.9}$$

両差は視準距離が100m以内では1mm以下であって，距離が短い場合はほとんど問題にならない．また，後視と前視の視準距離を等しくすることによって両差の影響を消去することができる．

4.4.2　水準測量の許容誤差

1) 誤差の表示方法　水準測量はその目的に応じていろいろな方法で測定されるので，その誤差の表示方法も異なるが，次の4つの種類がある．

① 2点間を往復した場合の誤差で往復差，出合差または較差ともいう．
② 標高の既知の点から，他の既知点に結んだ場合の誤差で結合差という．
③ 1つの点から出発して，またその点に戻った場合の閉合誤差
④ 1点の標高を2つ以上の既知点から求めた場合の誤差

2) 許容誤差　水準測量の誤差 M は，水準路線 L の平方根に比例するいま，直接水準測量において，各水準点間の高低差を $h_1, h_2, h_3, \cdots, h_n$，その誤差をそれぞれ $m_1, m_2, m_3, \cdots, m_n$ とすれば，始点と終点の高低差 H の誤差 M は，誤差伝播の法則 (propagation law of error) によって次式で示される．

$$M^2 = m_1^2 + m_2^2 + m_3^2 + \cdots + m_n^2$$

ここで，測定の条件が同じときは，その誤差も同じと見てよいので，$m_1 = m_2 =$

表 4.4 水準測量の許容誤差（公共測量作業規程）

区 分	1級水準測量	2級水準測量	3級水準測量	4級水準測量	簡易水準測量
往復観測の比率　mm	$2.5\sqrt{L}$	$5\sqrt{L}$	$10\sqrt{L}$	$20\sqrt{L}$	
環閉合差　　　　mm	$2.5\sqrt{L}$	$5\sqrt{L}$	$10\sqrt{L}$	$20\sqrt{L}$	$40\sqrt{L}$
既知点から既知点への閉合差　　　　mm	$15\sqrt{L}$	$15\sqrt{L}$	$15\sqrt{L}$	$25\sqrt{L}$	$50\sqrt{L}$
視準距離　　　　 m	最大50	最大60	最大70	最大70	最大80

L は観測距離（片道）km 単位，公共測量作業規程では，観測距離を S で示している．

$m_3 = \cdots = m_n$ のときは，

$$M = m\sqrt{n}, \quad n：レベルの据付け回数$$

となる．いま，視準距離を S とすれば，$n = L/S$ から次式が得られる．

$$M = m\sqrt{\frac{L}{S}} \tag{4.10}$$

ここで，m，S が一定であれば M は $\sqrt{L}$ に比例する．

国土地理院では，水準測量の許容誤差を表 4.4 のように定めている．誤差が許容範囲を越えた場合は，再測しなければならない．

3) 水準測量の重さ　測量の重さ（weight）は測定値の信頼度を表す．重さが大きければ信頼度は高いことになる．すなわち，測定値のばらつきも小さく，標準偏差 M も小さくなる．誤差理論では，重さ p は標準偏差 M の 2 乗に反比例する．

$$p \propto \frac{1}{M^2}, \quad \propto：比例を表す． \tag{4.11}$$

また，水準測量の重さ p は，水準路線 L に反比例する．

$$p \propto \frac{1}{L} \tag{4.12}$$

この関係は，直接水準測量やトラバース測量の補正計算などに用いる．

4.5　間接水準測量

間接水準測量は，直接水準測量に比べて費用や時間を節約できるが，精度の面においてははるかに劣る．しかし，直接水準測量ができない地形などでは，この方法が用いられる．

1) 三角水準測量　これは図 4.18 に示すようにトランシットを用いて鉛直

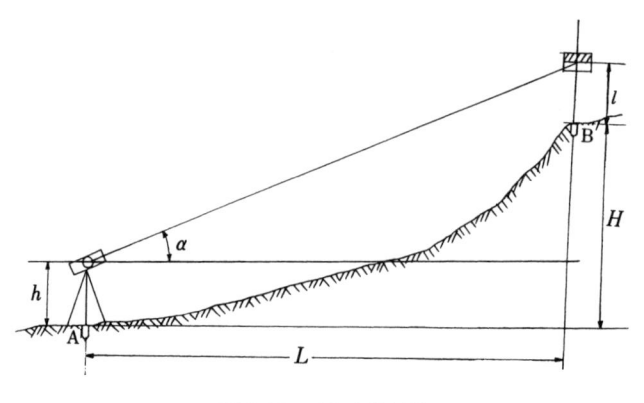

図4.18 三角水準測量

角 α および水平距離 L を測定し，三角法（trigonometry）を応用して計算により2点A～B間の高低差 H を求める測量である．

三角水準測量（trigonometrical leveling）の場合，L が小距離のとき，高低差 H は，次式で得られる．

$$H = h + L\tan\alpha - l \tag{4.13}$$

しかし，水平距離 L がさらに大きくなった場合は，球差および気差の両差の影響を考慮しなければならない．

【例題4.1】 間接水準測量

既知点Aから未知点Bの標高を求めるために，図4.19のように点Aから点Bに立てた高さ I_B の点を視準し，鉛直角 β_A の観測を行い，AB間の距離 D を測定した．同様に，点Bから点Aに立てた高さ I_A の点を視準し，β_B と D を観測して表4.5を得た．点Bの標高はいくらか．

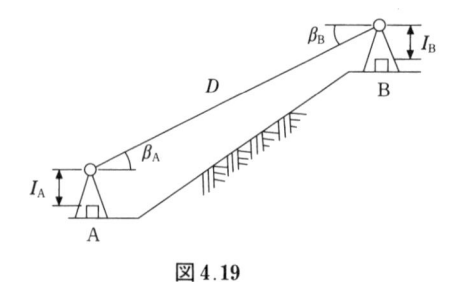

図4.19

表4.5

	観測結果
β_A	29°59′45″
β_B	−30°0′15″
D	100.00 m
I_A	1.15 m
I_B	1.31 m

ただし，既知点 A の標高は 50.00 m とし，I_A を点 A の器械高（目標高），I_B を点 B の器械高（目標高）とする．（測量士補試験問題）

【解】未知点 B の標高 H_B は，鉛直角の平均値を採用して次式で得られる．

$$H_B = H_A + D\sin\left(\frac{\beta_A - \beta_B}{2}\right) + I_A - I_B = 99.84 \text{ m}$$

2) 気圧水準測量 ある地点の大気圧とは，その上層にある大気柱の重量であるから，地表からの高低差によってその値が異なる．このことを利用し大気圧を測定して高低差を求めるのが気圧水準測量（barometric leveling）の原理である．

5. 角 測 量

ポイント 角測量とは，精巧な測角器械を用いて角度を測定することである．この章では，まず角の定義および使用されている単位を示し，次にトランシットの構造・測角・誤差などについて解説する．

　角測量で使用する主な測角器械は，トランシットまたはセオドライトと称し，これを用いて水平角あるいは鉛直角を正確に測定する．従来の測量器械の角度の測定は技術者が器械に付属した分度盤の目盛を遊標を用いて正確に読み取る方法であった．しかし，近年の光学器械の発達により，分度盤の目盛は直読式，あるいはマイクロ化し，角度の測定は著しく容易になった．また，器械自体もさらに精密化し，不備が生じた場合の器械の調整や修理は使用者の域を越えるものも少なくない．そのため，本章では器械の調整方法に関しては省いてある．必要な場合は巻末の参考文献などで参照されたい．

5.1 角

5.1.1 角の意味

　角測量とは測角器械を用いて角度を測定することで，角度には水平角と鉛直角がある．いま，2つの平面すなわち水平面と鉛直面を考えると，それぞれの平面内に水平角と鉛直角が次のように定義できる．図5.1でOからP_1およびP_2を観測した場合，P_1およびP_2を水平面に投影した点をそれぞれP_1'およびP_2'とすると，$\alpha(\angle P_1'OP_2')$をP_1とP_2間の水平角，Z_1およびZ_2をそれぞれP_1，P_2の鉛直角（天頂角あるい

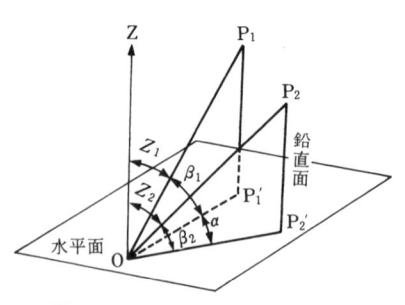

図5.1 水平角，鉛直角，高度角

は天頂距離ともいう）という．

鉛直角の補角 β_1 および β_2 は P_1 および P_2 の高度角（高低角あるいは垂直角ともいう）と呼ばれる．高度角は，それが水平面の上にあるときは仰角，下にあるときは俯角と呼ばれる．また，$\angle P_1OP_2$ は斜角とも呼ばれ，この斜角を水平面に投影したものが水平角である．

5.1.2 角 の 単 位

角の単位として，①角度，②グラード，および③弧度法の3つがある．

① **角度**（60進法）　円周を360等分した弧に対する中心角を1度（°：degree）としたもので，これは周知のとおりである．日本やアメリカを初めとして，多くの国で用いられている．

② **グラード**（100進法）　円周を400等分した弧に対する中心角を1グラード（grad）とし，さらに1グラードを100進法で細分する．

例えば，$1g=0.9°=54'=3,240''=0.1571\,rad=100\,cg$（センチグラード）．ドイツ，フランスを初めとし，ヨーロッパで近年広く用いられるようになった．日本では写真測量の分野でこの単位を用いている．

③ **弧度法**　円の半径に等しい弧に対する中心角を1ラジアン（rad, radian）として表す．SI単位として用いられ，数値計算には便利である．

例えば，$1\,rad=180°/\pi=57.29578°=206,264.806''$．

5.2　トランシットとその構造

5.2.1 測 角 器 械

水平角や鉛直角を正確に測定するには，トランシット（transit）またはセオドライト（theodlite）を用いる．昔は構造的に，前者は水平軸のまわりを望遠鏡が自由に回転できるものをいい，後者は回転できないものをいった．その後，一般的に両者を日本やアメリカではトランシット，ヨーロッパではセオドライトと呼んでいた．しかし，角度を読み取る場合の高性能な光学マイクロメータの出現により，1秒読み以上の性能を有する一級以上のものをセオドライトと呼ぶ場合が多い．本章では両者を総称してトランシットと呼ぶことにする．

角測量は各種測量における最も基本的な要素であり，測量に際してはトランシットの構造を熟知しておく必要がある．図5.2はトランシットと各部の名称を示

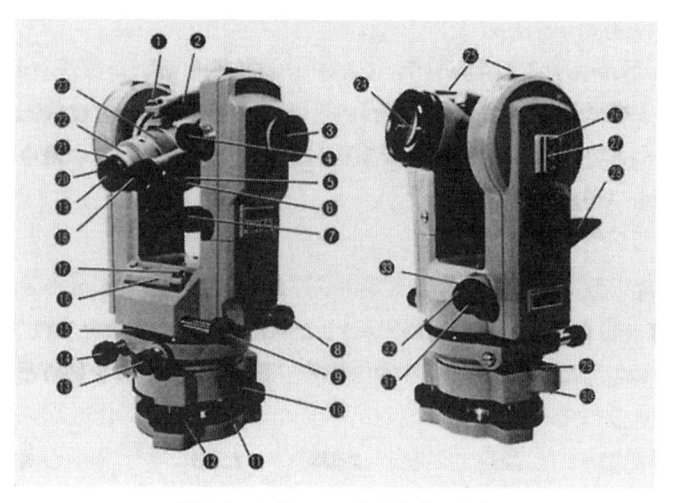

図5.2 トランシットと各部の名称

①望遠鏡気泡管調整ナット
②望遠鏡気泡管
③マイクロつまみ
④望遠鏡固定つまみ
⑤焦点板十字線照明レバー
⑥ビープサイト
⑦望遠鏡微動つまみ
⑧水平固定つまみ
⑨水平微動つまみ
⑩シフティングクランプ
⑪底板
⑫整準ねじ
⑬下部固定つまみ
⑭下部微動つまみ
⑮水平目盛盤回転リング
⑯横気泡管
⑰横気泡管調整ナット
⑱マイクロメータ接眼レンズ
⑲望遠鏡接眼レンズ
⑳接眼レンズ合焦つまみ
㉑接眼レンズ取付けつまみ
㉒焦点板十字線調整ねじカバー
㉓合焦リング
㉔対物レンズ
㉕支柱
㉖器械高マーク
㉗付属品取付け金具
㉘反射鏡
㉙円形気泡管
㉚円形気泡管調整ねじ
㉛光学錘球接眼レンズ
㉜光学錘球焦点板調整ねじ
㉝光学錘球合焦リング

したものである．

5.2.2 トランシットの構造

トランシットは望遠鏡（約30倍）と目盛盤を備えた精度の高い測角器械で，主として水平角（20″〜0.2″）および鉛直角（1′〜0.2″）を正確に測るのに用いられるが，付属装置を利用して種々の測量を行うことができる．例えば，直線の延長，角の測設，水準測量，スタジア測量，磁針によるコンパス測量などがある．

図5.3はトランシットの断面を示したものであり，内部は大変複雑な機構になっているが，構造的には上部構造と下部構造とに大別される．上部構造は，測角に必要な部分で，視準するための望遠鏡，これを回転させるための水平軸と鉛直

軸および角を読み取る目盛盤などから成り立っている．下部構造は，器械を正確にセットする部分で，気泡管，求心および整準ねじなどから成り立っている．

1) 望遠鏡　トランジットに使用されている望遠鏡は，図5.4に示すように数枚の凸レンズと凹レンズの合成された対物レンズ，十字線（スタジア線を含む），1枚またはそれ以上の凸レンズからなる接眼レンズおよび鏡筒から構成されている．また，望遠鏡の合焦方式には対物レンズを動かす外焦式と接眼レンズを動かす内焦式とがある．内焦式は，安定性，鏡筒を短くし高倍率を得ること，スタジア測距の加定数を近似的に0にすることができ，また湿気，ほこりの侵入を防ぐな

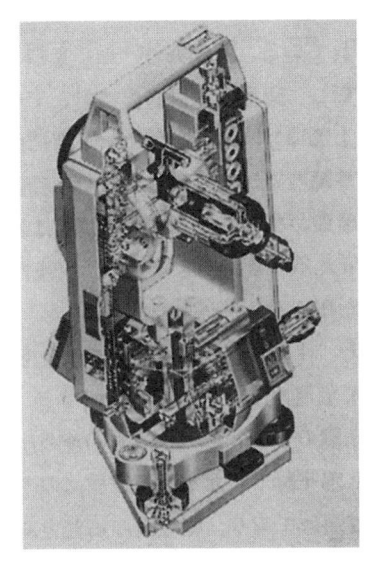

図5.3　トランジットの内部（ソキアDT 5）

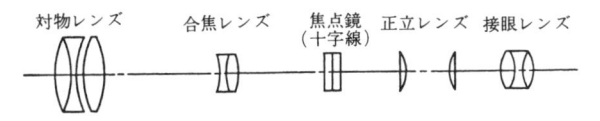

図5.4　望遠鏡のレンズ系

ど，種々の利点があるので，今日ではほとんどこの方式を採用している．

2) 十字線　十字線は視準する方向を決めるために用いられ，昔は接眼レンズと対物レンズとの間にくもの糸を張っていたが，現在はガラス板に太さ2～3 μm の線を刻んでフッ化水素で腐食してから墨入れが施される．図5.5は焦点鏡にある十字線の一例である．

3) 鉛直軸　トランジットの鉛直軸は複軸形と単軸形の2種類がある．複軸形は鉛直軸が内軸と外軸の2重構造になっている．内軸には遊標（バーニヤ）と望遠鏡が固定され，外軸には目盛盤が固定されている．上部締付けねじをゆるめ，下部締付けねじを締めると，内軸のみが回転し，固定した目盛盤に対して遊標が動き，回転しただけの角度が読み取れる．上部締付けねじを締め，下部締付けねじをゆるめると，内軸が固定され，全体が外軸のまわりに回転するので，目

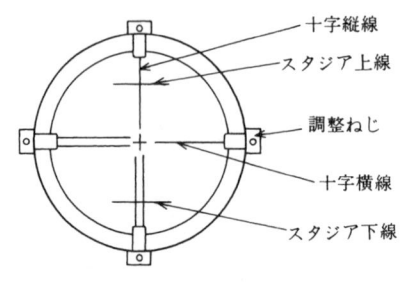

図5.5 十字線

盛の読みは変わらない．複軸形は単軸形に比べて構造が複雑となり測角の精度は劣るが，目盛の読みを変えることなく視準方向を変えることができるため，反復法を採用することによって比較的簡単に測量精度を高めることが可能である．

一方，単軸形は，1個の軸で支えられているので，目盛盤は最初から固定されていて望遠鏡だけが軸内で回転できるようになっている．機構が簡単であるため，上級のトランシット（6秒読み以上）に使用されている．

4) **水平軸** 水平軸は支柱にのり，望遠鏡がこの軸の中央にこれと直角に取り付けられており，望遠鏡の鉛直方向の回転軸となる．また，水平軸締付けねじ（望遠鏡締付けねじ）をゆるめて望遠鏡の回転角すなわち鉛直角を測定するために，水平軸の一端に目盛盤が取り付けられている．望遠鏡が鉛直目盛盤の右側にある状態を正位，左側にある状態を反位と呼ぶ．

5) **読取り装置** 近年，ガラス板に目盛を刻む技術が発達し，従来の金属目盛盤からガラス目盛盤を用いるようになり，読取り装置も従来のバーニヤ方式に代わって光学マイクロメータ方式のものがほとんどである．

① **遊標**（バーニヤ） 遊標は1目盛の端数を正確に読み取るために用いる副尺であって，これはフランス人バーニヤ（Vernier, P., 1580～1637年）によって工夫されたものである．そのため一般にバーニヤと呼ばれている．

バーニヤの目盛は主目盛の $(n-1)$ 目盛の長さを n 等分してある．バーニヤの1目盛の間隔を V，主目盛の1目盛の間隔を L とすれば，次の関係を得る．

$$(n-1)L = nV \quad \therefore \quad L-V = L-\frac{(n-1)L}{n} = \frac{L}{n} \tag{5.1}$$

したがって，L/n がバーニヤで読み取れる最小目盛である．端数の読取りは，主目盛とバーニヤの一致したところのバーニヤの値を読めばよい．

例えば，図5.6に示す20秒読みトランシットでは，水平目盛盤の主目盛が20分間隔に刻まれている．バーニヤ目盛は主目盛の59目盛を60等分してあるから，$20'-(60-1)/60 \times 20' = 20'/60 = 20''$ まで正確に読み取ることができる．図5.6の内側目盛では $10°29'40''$ と読むことができる．

一般にこの形式のものは，水平目盛盤が180°対向して両側で読み取るようになっているが，精度的には10″が限界である．

② 副尺マイクロメータ
これはバーニヤを用いず主目盛の1目盛をガラス板

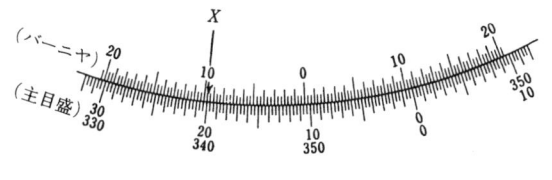

内側主目盛：10°20′
バーニヤ読み： 9′40″
　　　　　　10°29′40″

図5.6　20秒読みバーニヤ

(焦点鏡) に細分して，その像を主目盛に重ね合わせて見えるようにしたものである．構造上，6秒読みと12秒読みのトランシットに用いられているが，あまり普及していない．

③ 光学マイクロメータ　　傾けた平面平行ガラスに光が入射すると，ガラスによる屈折で光は平行移動するが方向は変わらない．光学マイクロメータ (optical micrometer) はこの原理を用いたもので，平面平行ガラスを回転させて光線を平行移動させるものである．

この方式はガラス盤に目盛が刻まれるようになって急速に普及したもので，図5.7に示すように光源反射鏡から入射した光が，目盛板，平面平行ガラス，マイクロ目盛板を通って見えるようにしたものである．この方式によって，主目盛の端数が非常に細かく読み取れるようにしたことと，180°対向した位置の目盛の平均を一度に得られるという優れた特徴がある．

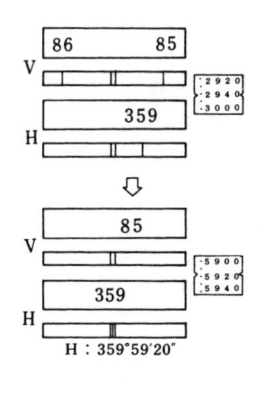

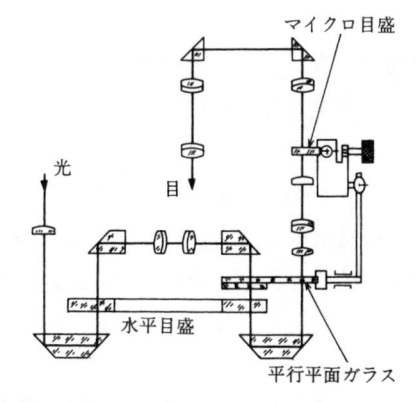

図5.7　光学マイクロメータ

6) **気泡管**（水準器）　気泡管はトランシットの垂直軸を鉛直線に一致させるためのものである．アルコールとエーテルとの比率6：4の混合液を一部空気を残して封じたものであり，また傾きの感度を表すためにガラス管の表面には2mm間隔の目盛線が刻んである．

7) **整準ねじ**　整準ねじは気泡管の気泡を中央に導くためのものである．気泡は左親指の動く方向（左親指の法則）に移動する．例えば，整準するために気泡を右に移動させたい場合は，左右の指でつまんだ整準ねじを内側に入れるように回せばよい．

5.2.3　トランシットの点検

トランシットは使用に際してその機能が十分果たせるよう点検・調整しておく必要があるが，最近のトランシットは，より精巧であると同時に堅牢に作られており，以前のような狂いを生じることはきわめて少なく観測者で調整不可能な箇所が多くなっている．不用心に調整すればかえって狂うきらいがあり，大きい調整を必要とする場合はメーカーへ依頼した方が賢明であろう．したがって本章では，トランシットが備えていなければならない条件（図5.8）と点検事項を簡単に述べる．

(1) 平盤気泡管軸（L）と垂直軸（V）の直交（$L \perp V$）

　　検査①トランシットを整準し，2つの気泡管の気泡を中央に導く．
　　　　②垂直軸のまわりに平盤を180°回転させ，気泡が中央に保たれているかを調べる．

(2) 望遠鏡十字縦線（K）と水平軸（H）の直交（$K \perp H$）

　　検査①トランシットを据え，50～100mぐらい離れた一定点に十字縦線の上端を合わせる．
　　　　②鉛直微動ねじによって望遠鏡を下方に動かしたとき，常に定点が十字縦線上を動くかを見る．

(3) 望遠鏡視準線（C）と水平軸（H）の直交（$C \perp H$）

　　検査①図5.9に示す100mほど離れた地点をとり，その中間にトランシットを据え，望遠鏡の正位で視準し標点Aを定める．
　　　　②望遠鏡を反転（正位の状態で）して反対の地点を視準し，その読みをBとする．

③望遠鏡を転鏡（反位の状態で）して，再びA点を視準する．
④望遠鏡を反転（反位の状態で）して，その読みがBと一致すればよい．もしB′を読めば調整する必要がある．

(4) 水平軸（H）と鉛直軸（V）の直交（$H \perp V$）
(5) 望遠鏡気泡管軸（T）と視準線（C）の平行（$T//C$）
(6) 視準線が水平のとき，鉛直角はゼロであること

上記の条件のうち，(4)〜(6)は使用中に狂うことはほとんどないので，使用に先立って常に点検する必要はない．

5.2.4 トランシットの器械誤差とその消去法

トランシットで角測量を行う場合，構造上の不備や調整不十分によって起こる器械的誤差と観測による個人的誤差がある．したがって，その誤差によって起こる原因と性質，それを消去できる観測の方法と処理の方法を知って測量することが大切である．

1) 視準軸誤差 望遠鏡の視準軸が水平軸と直交しないために生じる水平角誤差 θ_c は，

$$\theta_c = c \sec h, \quad c：視準軸の傾き, \quad h：鉛直角$$

この誤差は望遠鏡の正・反観測の平均によって消去できる．

2) 水平軸誤差 水平軸が鉛直軸に直交しないために生じる水平軸誤差 θ_i は，

$$\theta_i = i \tan h, \quad i：水平軸の傾き$$

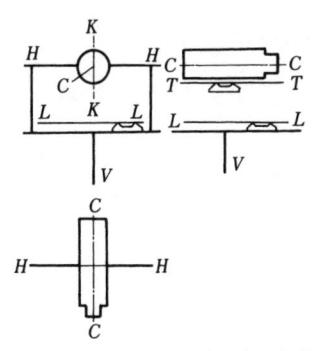

図5.8 トランシットの満たすべき条件　　図5.9 十字線の調整

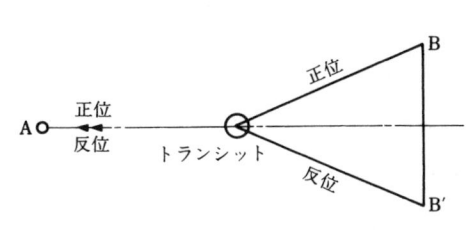

この誤差は，視準軸誤差と同様，正・反の平均値によって消去できる．

3) **鉛直軸誤差** 鉛直軸が真に鉛直でないために生じる水平角誤差 θ_v は，

$$\theta_v = v \sin u \tan h$$

v：鉛直軸の傾き，u：鉛直軸の傾斜方向から水平軸までの角

この誤差は正・反の平均をとっても消去できないから，5.2.3項の (1) に述べた気泡管軸と垂直軸とが直交していることが必要である．

以上の3つをトランシットの三軸誤差と呼んでいる．

4) **偏心誤差** 鉛直軸と水平目盛盤の中心が一致しないために生じる水平角誤差である．この誤差は，対立する2つのバーニヤの平均により消去できる．バーニヤが1つの場合は，正・反の平均値により消去できる．

5) **外心誤差** 視準軸が回転軸の中心から偏心しているための誤差で，正・反の平均値により消去できる．

6) **目盛誤差** 水平目盛盤の目盛の刻み方が正確でないために起こる誤差で，できるだけ多くの目盛盤上の目盛を利用してその影響を少なくする．

7) **個人的誤差** 上述の1)～6)まではトランシットの器械的誤差であるが，そのほか個人的誤差としては，器械の据付け，視準および角度の読取りなどによるものである．

【例題5.1】 トランシットの据付け誤差として，図5.10に示す下振り (A) と測点 (O) とが一致しないために生じる測角誤差 (w) はどの程度であろうか．

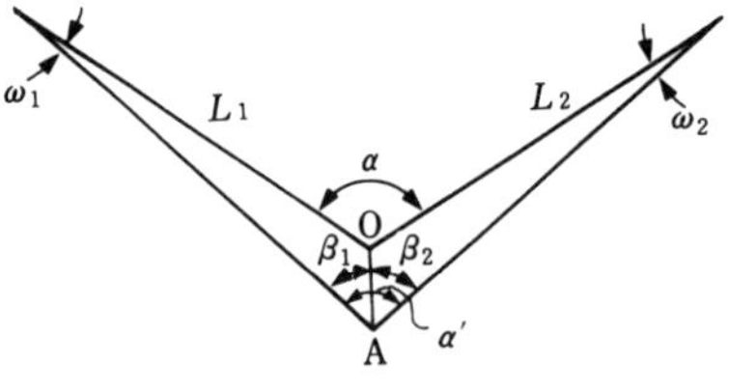

【解】 測角誤差 w は

$$w = \alpha - \alpha' = (w_1 + \beta_1 + w_2 + \beta_2) - (\beta_1 + \beta_2)$$
$$= w_1 + w_2$$

$$\sin w_1 = \frac{l}{L_1} \sin \beta_1, \quad \sin w_2 = \frac{l}{L_2} \sin \beta_2.$$

ここで w_1, w_2 は小さいので，

$$w_1 = \frac{l}{L_1} \sin \beta_1, \quad w_2 = \frac{l}{L_2} \sin \beta_2$$

図5.10 器械の据付け誤差

$$\therefore \quad w = l \left(\frac{\sin \beta_1}{L_1} + \frac{\sin \beta_2}{L_2} \right) \tag{5.2}$$

w は，$\beta_1 = \beta_2 = 90°$ のとき最大となる．$L_1 = L_2 = L$ とすれば式 (5.2) は，

$$w = \frac{2l}{L}$$

ラジアンを角度（秒）に換算する係数 ρ'' (206,265″) を掛けると

$$w = \frac{2l}{L} \rho'' = \frac{2l}{L} \times 206,265''$$

いま，偏心距離 $l=5$ mm, $L=100$ m とすれば，

$$w=\frac{2\times 5}{100,000}\times 206,265 \fallingdotseq 21''$$

5.3 角測量の方法

5.3.1 水平角の測定

トランシットによって正確に測角するためには，上述してきたように，欠陥のない器械でかつ十分調整されたものを使用しなければならないことはいうまでもない．

精度よく測角するために心掛けたい事項は，次のようなものである．①2回以上繰り返して測角する場合には，正位（光学マイクロメータ付トランシットでは，左側に望遠鏡，その右側にマイクロ読みがついている状態）と反位（正位の状態から望遠鏡を水平軸のまわりに180°回転．転鏡という）の観測をしてその平均値を採用する．この観測法を1対回という．②観測回数を多くするときは，時針方向（右まわり）と反時針方向（左まわり）の測角をする．③水平目盛盤の分割誤差の影響を小さくするために，なるべく目盛全周を均等に使用することである．

さて，水平角の測角方法として主に 1) 単測法, 2) 反復法, 3) 方向法の3種類がある．

1) 単測法 測角器械を用いて，2点の張る角を1回だけ測るか，もしくは1対回の平均角で求める方法である．前者は測角精度が劣ることが多いので，一般には後者の方法で測角する．

まず図5.11の点Oに器械を据え，目盛を任意の値として下部運動（単軸型の

表5.1 反復法の野帳例

測点	視準点	望遠鏡	反復回数	観測角			累計角	測定値	備考
				バーニヤ	バーニヤ(A)	バーニヤ(B)			
0	A	正(r)	0	0°	16′20″	16′40″	0°16′30″		45°17′
	B		3	135°	19′40″	19′40″	135°19′40″	45°01′03″	
0	B	反(l)	0	0°	28′00″	28′00″	0°28′00″		315°25′
	A		3	225°	24′00″	24′20″	225°24′10″	45°01′17″	
							平均	45°01′10″	

図5.11 単測法　　図5.12 反復法　　図5.13 方向法

器械では，上部，下部運動の区別がない）で点Aを視準して，水平目盛を読む（これを始続という）．次に上部運動で点Bを視準して目盛を読む（これを終続という）．終続から始続を引けば∠AOBの値が得られる．

2) 反復法　この方法は倍角法ともいわれ，複軸型トランシットで精密に測角するときの方法である．

①まず，器械を図5.12に示す点Oに据え，目盛を任意の値（一般には目盛の読みが0°より少し過ぎたところがよい）として下部運動により点Aを視準し，始読を得る．②上部運動により点Bを視準する．このときに点検用に目盛の概数を読んでおく．③下部運動により再び点Aを視準する（目盛は動かない）．④さらに上部運動によって点Bを視準する．⑤所定の回数（一般的には3〜6回の反復回数）になるまで③，④を繰り返し，点Bを視準した状態で終読する．終読と始読の差を反復回数で割れば所要の角が得られる．表5.1は反復法の野帳例である．

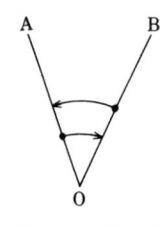

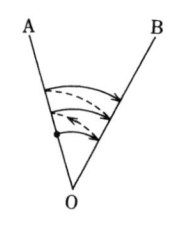

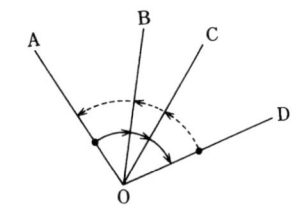

3) 方向法　図5.13に示すように1点のまわりに多数の角があるときに用いられる方法で，単測法の応用である．単軸型の器械を用いて測角するときに適用されることが多く，公共測量作業規程ではこの方向法で行うことになっている（注：方向法の計算例は，p.196参照）．

①点Oに器械を据え，下部運動でAを正位で視準し，目盛を読み取る．続いて上部運動で時針方向に順次B，C…の目標を視準して目盛を読み，最終の目標に至る．②次に最終目標から逆に反時針方向に測角して最初のAまで戻り，反位にして同様の測角を行う．あるいは省略して②のとき，反位の反時針方向で測角して最初のAに戻る．この方法は1点で多くの目標を視準する必要のあるときには，比較的簡単でかなりの精度が期待できる．

上述した3種類のほかに，1つの観測点のまわりにいくつかの角が存在し，こ

れらをきわめて高い精度で測定する場合には,角観測法と呼ばれる方法がある.

【例題 5.2】 単測法に比べて反復法の方が精度はよいが,その理論的根拠を述べよ.

角の測定には,視準誤差 α と目盛読取り誤差 β がある.

(単測法の場合)

　　1方向を視準したときの方向の標準誤差　　$\sigma_1 = \sqrt{\alpha^2 + \beta^2}$

　　単測法で角を測ったときの標準誤差　　$\sigma_2 = \sqrt{2}\sigma_1 = \sqrt{2(\alpha^2 + \beta^2)}$

　　n 回の角観測の標準誤差　　$\sigma_n = \sqrt{\dfrac{2}{n}(\alpha^2 + \beta^2)}$ 　　　　　　(1)

(反復法の場合)

　　n 倍回の1角の視準による標準誤差　　$\sigma_3' = \sqrt{\dfrac{2}{n}}\alpha$

　　読取り回数は,n 倍回の測角に対し,始読と終読の2回だけであるから,

　　読取りによる標準誤差　　$\sigma_4' = \dfrac{\sqrt{2}}{n}\beta$

　　n 倍角の1回観測の標準誤差　　$\sigma_n' = \sqrt{(\sigma_3')^2 + (\sigma_4')^2} = \sqrt{\dfrac{2}{n}\left(\alpha^2 + \dfrac{\beta^2}{n}\right)}$ 　　(2)

(1) と (2) とを比較すると,反復法は単測法に比べて読取り誤差の係数が $1/\sqrt{n}$ となり,$\sigma_n > \sigma_n'$ で,反復法の方が精度がよい.

5.3.2 鉛直角の測定

鉛直角の観測には,図 5.1 に示したように天頂角 Z を測る場合と高低角 β を測る場合とがある.鉛直目盛には,0~360°が全円に刻まれていて望遠鏡が水平のとき目盛が 90°(正位)または 270°(反位)を示すものと,水平のとき読みが 0°となりその上下に 0~90°が刻まれているものがある.

図 5.14 において,Z:天頂角(天頂距離),r, l:正反の観測値,c:目盛盤取

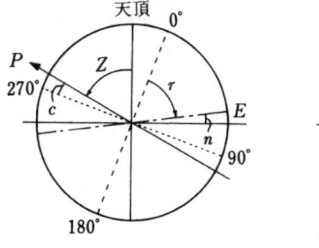

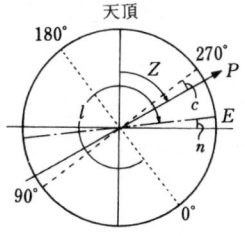

　　(a) 望遠鏡正位　　　　　　(b) 望遠鏡反位

図 5.14 望遠鏡正・反での鉛直角観測

付け誤差，n：指標誤差とすれば，

$$望遠鏡正位\quad 90°-Z=90°-r+c-n \tag{5.3}$$

$$望遠鏡反位\quad 90°-Z=l-270°-c+n \tag{5.4}$$

両式を加え合わせることにより，

$$Z=\frac{1}{2}(360+r-l) \tag{5.5}$$

$$\beta=90°-Z \tag{5.6}$$

すなわち正反の読みを取ることにより，誤差 c および n が消去されて鉛直角が求められる．また式（5.3）と式（5.4）の差より，

$$r+l=360°+2(c-n)=360°+K \tag{5.7}$$

この $K=2(c-n)$ を高度定数といい，器械についての定数で，目標の高低あるいは距離に関係せず，鉛直角観測の精度の目安として用いられる．例えば観測点において各目標を測定したときの K を比較し，K の最大値と最小値の差が許容範囲内であればよいが，これを超えるときは再測定が必要となる．この高度定数差の許容値は，測量の種類によって 60″〜15″ 内で規定されている．

5.4 トランシットによるスタジア測量

トランシットによるスタジア測量は，トランシットの望遠鏡の十字線の上下に等間隔に取り付けられたスタジア線を使って，距離や高さを測ろうとする点に立てた標尺の読みを取って，間接的に距離や高さを求める方法である．測点から標尺までの距離 L と高低差 H は，それぞれ次式から求めることができる．

$$L=Kl\cos^2\alpha+C\cos\alpha \tag{5.8}$$

$$H=Kl\frac{\sin2\alpha}{2}+C\sin\alpha \tag{5.9}$$

K：スタジア乗定数（最近のトランシットでは $K=100$），C：スタジア加定数（最近のトランシットでは $C=0$），l：標尺のスタジア線間の長さ，α：鉛直角

スタジア測量は，迅速に作業が進められ，簡易なトラバース測量や等高線の測定などに利用されていた．しかし，最近，光波測距儀の普及や GPS 測量によりあまり行われていない．

6. トラバース測量

ポイント トラバース測量（traverse surveying）は基準点測量の一種で多角測量ともいう．ある特定地域内を測量する場合，より高精度の結果を得るためにその地域内にいくつかの基準点を設けて基準点測量（骨組測量）を行い，次にこの点を活用して細部測量（detail surveying）を行う．基準点測量（control point surveying）が大規模な場合は三角測量が適しており，中規模以下に際してはトラバース測量が広く利用されている．トラバース測量は，この基準点（測点）での水平角の観測と測線の距離を測定して，この結果からその測線に対する緯距および経距を計算して各測点の座標を定め，図根点（基準点）の位置を決定する測量方法である．近年の測量器械の著しい発達から，角観測用のセオドライトや距離測定の測距儀などを用いると，容易な測定技術で高精度の結果を得ることができる．簡単なトラバース測量では平板測量が利用されることもあるが，精度は大きく劣る．

6.1 トラバースの種類

トラバース測量での基準点（測点）はトラバース点（traverse station），測線はトラバース線（traverse line）と呼び，隣接する基準点を結んでできる網状の多角形をトラバース網（traverse network）という．トラバース（折線）には，大別して次に示すような種類がある（図 6.1）．

1) **閉合トラバース**（closed traverse） 出発点から順次測量を開始して，最後に元の出発点に戻るように設定したトラバース（図 6.1 (a)）．

2) **結合トラバース**（fixed traverse） 既に明確化している三角点や高次のトラバース点などの既知点から出発して，最後に同じ程度の既知点に結ばれるトラバースをいう．この両既知点は図 6.1 (b) に示すように，それぞれがさらに隣接する独自の既知点を併有して，しかもこの既知点を結ぶ測線の方位角が既知

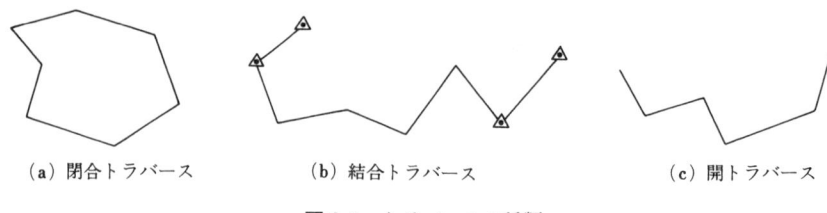

(a) 閉合トラバース　　(b) 結合トラバース　　(c) 開トラバース

図6.1　トラバースの種類

であるもの.

3) **開トラバース**（open traverse）　トラバース測量の出発点から最終測点まで，これらの測点が何ら条件をもたないもの（図6.1 (c)）.

これらのトラバースの種類にはそれぞれに特徴があるので測量の目的に応じて選択する．一般に，閉合トラバースや結合トラバースにおいては出発点や終点が既知点となることから，測量結果での誤差の程度を知ることが可能である．そのため，この両トラバースが多く用いられる．しかし，閉合トラバースでは角観測が正確な場合でも，距離測量に定誤差があるときには相似の多角形となる場合も生じる．したがって，高精度を要求するトラバース測量では結合トラバースを設定することが望ましい．

6.2　トラバース測量の理論

6.2.1　緯距および経距

トラバース測量の目的は，測定した角度と距離の値を用いて，各々の測点の緯距と経距を計算して，ある特定の地域に設定したトラバースの位置関係をより正確に図示することにある．このことから，次の理論は容易に理解できる．

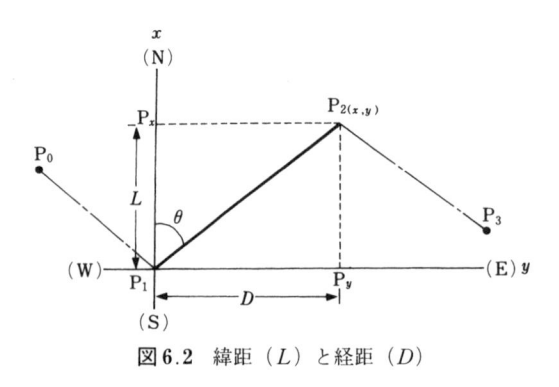

図6.2　緯距 (L) と経距 (D)

いま，図6.2に示すような $P_0 \sim P_3$ の連続したトラバース（折線）の中から，仮に直角座標系の第Ⅰ象限にある1つのトラバース線 (P_1P_2) を取り出してみる．ここで，座標の原点を P_1 に置き，この点からまだ定まらない P_2 の位置を決定するには，P_2

の座標値 (x, y) を求めればよい.そこで,直線 P_1P_2 を座標の縦軸,横軸にそれぞれ投影して,その線分の長さを各々 P_1P_x (L), P_1P_y (D) とすると,この L および D の長さは既に測定した測線長 (P_1P_2) と測定角から方位に換算した角度 (θ) を用いて,次式のように示すことができる.

$$L = P_1P_2 \cos\theta, \qquad D = P_1P_2 \sin\theta \tag{6.1}$$

この L を緯距 (latitude),D を経距 (departure) といい,この両値から P_2 の座標の位置は決定される.次に,座標の原点を先に決定した P_2 に移動して同様に考えると,第II象限に位置する測点 P_3 の P_2 からの座標値も容易に求められる.連続するトラバースの各測線の座標点を求める場合には,次項に示す計算からの角度 (θ) を求めておけば測線がいずれの象限にあっても式 (6.1) は同じ関係で成立するから,これらの計算を順次行えばよいことになる.

6.2.2 方位角と方位

トラバース測量の結果から多数の測点の緯距と経距を求める場合,ある測点の角度は方位に換算した角 (θ) を用いる方が,公式 (6.1) を統一して利用する上で便利である.そのため,測定角を方位角に,さらに方位角は方位で示す角に順次換算する.

1) 方位角と方向角　ある測点での方位角 (azimuth) には,図 6.3 (a) のように,その測点の子午線 (meridian) の真北を基準として,これと次の測線とがなす右まわりの真北方位角と,磁北線 (magnetic north) を基準とした

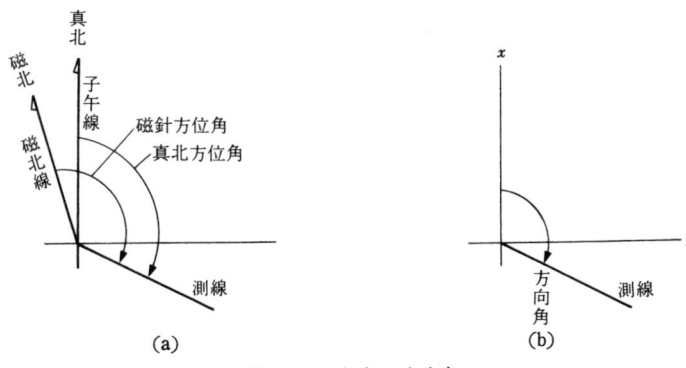

図 6.3　方位角と方向角

磁針方位角とがある．トラバース測量では測量域が比較的小さいので，磁針方位角を用いるのが一般的で，これを単に方位角と示すことが多い（本章での方位角はすべて磁針方位角を指している）．また，方向角 (direction angle) とはある方向を基準にして，他の点の方向までの角であるが，一般には図 6.3 (b) のように，平面直角座標系における x 軸（測量では縦軸を x 軸，横軸を y 軸で示す）を基準にした右まわりの角をいう．

方位角の計算　一般に，トラバース測量では，高精度を得ることから，方位角の測定は出発点のみで行い，他の測点の方位角は計算から求める．図 6.4 には実測中に接するトラバースの注意すべき観測方向が示してある．これから，観測した測定角を用いて，各測点の方位角は次のように求められる．

［進行方向の左側の交角を測定した場合］（後視から右まわりの角観測）

　　　測点 (1) の方位角　α_1

　　　測点 (2) の方位角　$\alpha_2 = \alpha_1 - 180° + \beta_2$

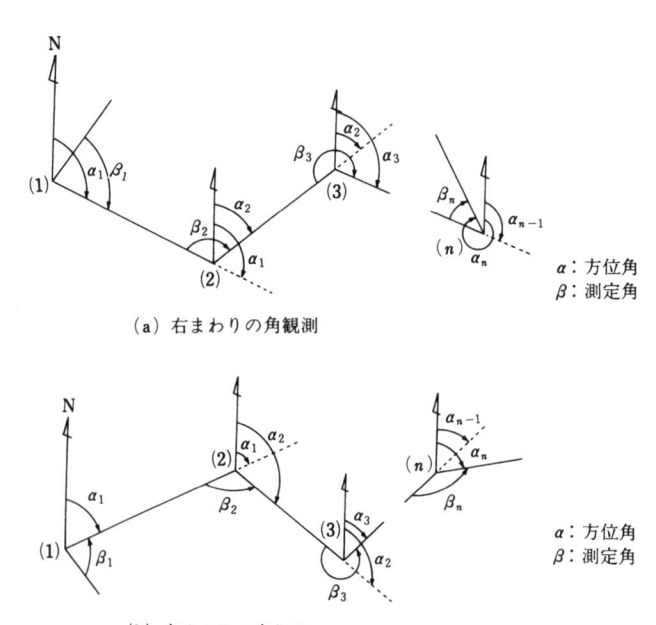

　　　　　　　　………………………………

(a) 右まわりの角観測

α：方位角
β：測定角

(b) 左まわりの角観測

α：方位角
β：測定角

図 6.4　方位角の計算

測点 (n) の方位角 $\alpha_n = \alpha_{n-1} - 180° + \beta_n$

α_1：測定する方位角，$\alpha_2 \sim \alpha_n$：求める方位角，β：測定角

［進行方向の右側の交角を測定した場合］（後視から左まわりの角観測）

測点 (1) の方位角 α_1

測点 (2) の方位角 $\alpha_2 = \alpha_1 + 180° - \beta_2$

....

測点 (n) の方位角 $\alpha_n = \alpha_{n-1} + 180° - \beta_n$

α_1：測定する方位角，$\alpha_2 \sim \alpha_n$：求める方位角，β：測定角

2) 方 位　方位（磁方位）は図 6.5 (a) のように直角座標系を右まわりにそれぞれ第Ⅰ，Ⅱ，Ⅲ，Ⅳ象限で区分して示す．図 6.5 (b) のような閉合トラバースの各々のトラバース線の方向は図 6.5 (a) のいずれかの象限の中に位

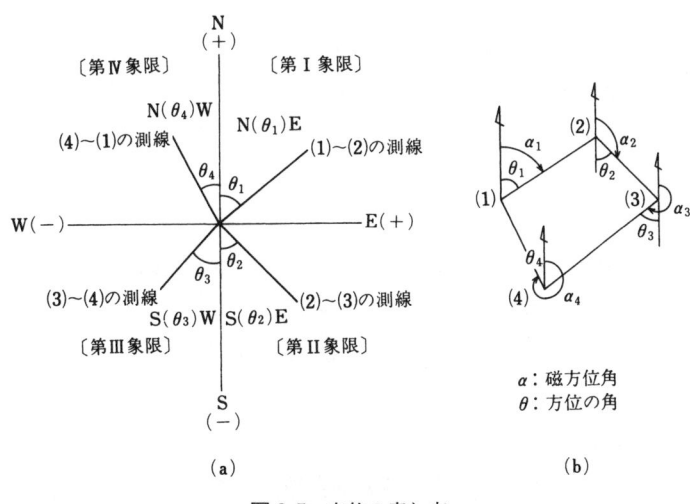

図 6.5　方位の表し方

表 6.1　方位の計算方法とその表示法

象　限	方位角 (α)	方位の計算	方位の表示	方位の符号	
				N.S.	E.W.
第Ⅰ	0°〜90°	$\theta_1 = \alpha_1$	N($\theta_1°$)E	+	+
第Ⅱ	90°〜180°	$\theta_2 = (180° - \alpha_2)$	S($\theta_2°$)E	−	+
第Ⅲ	180°〜270°	$\theta_3 = (\alpha_3 - 180°)$	S($\theta_3°$)W	−	−
第Ⅳ	270°〜360°	$\theta_4 = (360° - \alpha_4)$	N($\theta_4°$)W	+	−

置し，ある測線の方位は磁北線（南北線）を基準にした角で示される．したがって，方位角から方位への換算は次のとおりとなる．また，各象限ごとの方位の表示法は表6.1のように示し，さらにNとEには＋，SとWには－の符号がある．

> 第Ⅰ象限に方位角があるとき，磁方位の角度＝方位角
> 第Ⅱ象限に方位角があるとき，磁方位の角度＝180°－方位角
> 第Ⅲ象限に方位角があるとき，磁方位の角度＝方位角－180°
> 第Ⅳ象限に方位角があるとき，磁方位の角度＝360°－方位角

6.3　トラバース測量の順序

　トラバース測量を能率的に進めるには，まず測量区域の状況を十分に把握して，計画的に測量を実施することが大切である．一般に，トラバース測量は踏査，選点，造標，観測，計算，作図の順序で行われる．

1) 踏　査（reconnaissance）　計画したトラバース線に沿って現地を歩き，地形の状況や地物の状態などから，能率的な測量の実施の原案を決定する．このとき，器械の据付けや視準がしやすいことなどを十分に調査しておくことが大切である．

2) 選　点（selecting station）　トラバース点の設定はトラバース測量の能率性や測量の精度に大きな影響を及ぼすので，十分に検討して決定しなければならない．また，後に続く細部測量などの作業性などへも配慮しておく必要がある．測点間の距離はできるだけ等しくとり，交角があまり小さくならないようにする．また，測点は地盤の堅固な箇所に設け，後の測量が終わるまで安全に保存するとともに，容易に見出すことができる箇所とする．

3) 造　標（construction of target）　決定した選点には測量の目的に対して満足な不動の測点を設ける．測点を長く保存するにはコンクリート杭や石杭が，特定の期間の測量には木杭やプラスチック杭が適している．また舗装された堅固な箇所などにはプレートと鋲からなる金属製の測点を設ける．これらの杭の中には，さらに使用目的に応じた多くの種類があるから，よく検討して用いればよい．

4) 距離の測定（measurement of distance）　トラバース測量における測点間の距離測量は，要求される測量の精度によって鋼巻尺あるいは布巻尺などを用

表6.2 トラバース測量における距離測定の精度

項 目	基準トラバース	補助トラバース	2次補助トラバース
測距回数（片道）	2回以上	2回以上	1回
テープの読取り較差	3 mm 以内	5 mm 以内	
トラバース測点間の往復測量の精度	距離の 1/10,000 以内	距離の 1/5,000 以内	距離の 1/3,000 以内

測距の精度は，往復の較差 (k) と往復の平均距離 (l) の比 (k/l) で示す．

いて直接的に距離を測定する方法，高精度のレーザ測距儀や光波測距儀などを用いて距離を測定する方法がある．トラバース測量で生じる誤差の多くは，一般に角観測よりも距離測量による影響が大きいので，角度と距離の測定精度の均衡をとることが大切である．トラバース測量に要求される距離測定の精度は表 6.2 に示した．

5) **角の観測** トラバース測量での角観測法には方位角観測，交角観測，偏角観測法がある．ここでは代表的な方位角観測と交角の観測方法について示す．

方位角（磁針方位角）(azimuth)の観測法は，ある測点における磁北と次の測線とがなす角を磁針を用いて測定する方法である．磁針による角の観測では局部的に磁針の狂いが生じることもあるので，この測角法はトラバース測量の測点中のいずれか 1 か所の測点において行い，他の測点の方位角はすべて計算から算出する方が好ましい．

交角 (intersection angle) の観測は，既に 5 章に示した反復法（倍角法）や方向法によって測定するもので，最も多く用いられる測角法である．測定方法には図 6.4 に示すように，観測点の進行方向に対して右側の交角（後視を基準に左まわり観測）を測定する場合と，進行方向の左側の交角（後視を基準に右まわり観測）を測定する場合がある．測量地域の作業の能率性を考慮して選択すればよいが，2 つの方法を混用してはならない．トラバース測量で要求される観測値の制限を表 6.3 に示した．

表6.3 トラバース測量に要求される観測値の制限

		基準トラバース	補助トラバース	2次補助トラバース（全長 1 km 以内）
方向法	対回数	2	2	1
	観測差	45 秒以内	45 秒以内	較差 60 秒以内
	倍角差	60 秒以内	60 秒以内	
反復法	反復数	正反各 2 倍角	正反各 2 倍角	
	正反観測値の差	60 秒以内	60 秒以内	

6.4 トラバース測量の計算

6.4.1 測定角の幾何学的条件

トラバース測量における全測点の角観測を終えたならば，観測結果が幾何学的な角の条件（angle condition）を満足しているかどうかを調べる必要がある．

1) 閉合トラバースの条件 多角形の閉合トラバースを設定した場合，その幾何学的な角の条件は，

多角形の交角（内角）を測角した場合，その理論内角の総和は，

$$\sum \phi = (n-2) \times 180°$$

n：多角形の辺数，$\sum \phi$：内角（$\phi_1 \sim \phi_n$）の総和

多角形の交角（外角）を測角した場合，その理論外角の総和は，

$$\sum \phi = (n+2) \times 180°$$

n：多角形の辺数，$\sum \phi$：外角（$\phi_1 \sim \phi_n$）の総和

で示される．この理論交角の総和と実測角の総和とが次式の関係にあるとき，条件は満足される．実測に際しては技術的な要因や天候などの影響により多少の誤差を伴うので，許される値の範囲（許容値）が定めてある．誤差が次項に示す許容値を満足しているときは測定角を調整して理論値に一致させる．しかし，許容値を越えるときは角観測を再度実施する必要がある．

$$\varepsilon = \sum \phi - \sum \beta \leq 許容誤差$$

ε：誤差，$\sum \phi$：理論角（$\phi_1 \sim \phi_n$）の総和，$\sum \beta$：測定角（$\beta_1 \sim \beta_n$）の総和

2) 結合トラバースの条件 結合トラバースは，図6.6のように出発点（P_1）および最終測点（P_n）が既知点（既に座標点は決定している）である．また，この既知点からこれに隣接する既知点を視準して，その方位角（ω_1, ω_2）も既知である．いま，出発点の方位角（ω_1）および各測点の測定角（β）を用いて順次に方位角を計算し，最終測点の方位角（α_n）を求める．この求めた方位角と既知の方位角との差が許された誤差の範囲内であれば条件は満足される．

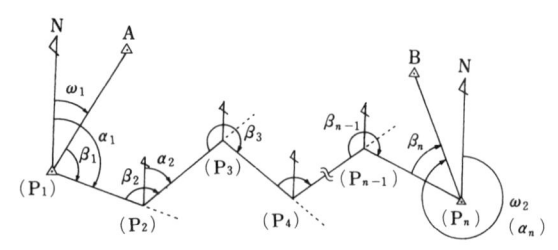

図6.6 結合トラバースの角観測

測点 $P_1 \to A$ の方位角　ω_1
測点 $P_1 \to P_2$ の方位角　$\alpha_1 = \omega_1 + \beta_1$
測点 $P_2 \to P_3$ の方位角　$\alpha_2 = \alpha_1 - 180° + \beta_2$
　　　　　　………………………
測点 $P_n \to B$ の方位角　$\alpha_n = \alpha_{n-1} - 180° + \beta_n$

となり，したがって，

$$\alpha_n = \omega_1 + (\beta_1 + \cdots + \beta_n) - 180° \times (n-1)$$
$$= \omega_1 + [\beta] - 180° \times (n-1)$$

となる．最終測点（P_n）の既知方位角（ω_n）と α_n の間において，満足すべき条件は次式のとおりである．

$$\varepsilon = \omega_2 - \alpha_n \leqq 許容誤差, \quad \varepsilon：誤差$$

6.4.2　測定角の許容誤差と調整

トラバース測量の角観測に対する許容誤差（allowable error）は，次に示すとおりであり，これを満足しなければならない．

　　市街地，平坦地などのとき　$(20'' \sim 30'') \times \sqrt{n}$
　　農地，丘陵地などのとき　　$(30'' \sim 60'') \times \sqrt{n}$
　　山林，原野などのとき　　　$(60'' \sim 90'') \times \sqrt{n}$
　　　n：測定角の数

　角測定の結果がこの許される範囲を満足している場合には，次の方法で測定角を調整する．すなわち，生じた誤差の中には不定誤差だけが含まれているとして，この誤差を測角数で除した値を各角に均等配分してそれぞれの測定角を調整する．

$$\delta = \varepsilon/n, \quad \delta：調整角度, \quad \varepsilon：誤差, \quad n：測角数$$

　いま，この値に端数があるとき，1/10秒の角度を有効として均等配分するか，または測線の方位角が 45°, 135°, 225°, 315° のいずれかの角に最も近い値をもついくつかの測定角に，その端数を配分してもよい．これは，この4つの角度の cos, sin が同値であるため，緯距・経距に与える影響が等しくなるからである．許容値を上まわる誤差を生じた場合は，誤差の原因と思われる測点から再度角観測を行うのがよい．

【例題6.1】 表6.4に示す閉合トラバース測量の実測内角を得た．角誤差を調整して，方位角，方位を求めてみよう．
【解】

表6.4

測点	実測内角	調整内角	方位角	磁方位	備　考
	° ′ ″	° ′ ″	° ′ ″	° ′ ″	
1～2	62 28 50	62 28 52	58 20 00	N 58 20 00 E	測定角は右まわりに
2～3	165 14 10	165 14 12	73 05 48	N 73 05 48 E	内角を測定した．
3～4	97 36 20	97 36 22	155 29 26	S 24 30 34 E	測点1での方位角は
4～5	98 02 50	98 02 52	237 26 34	S 57 26 34 W	58°20′00″であった．
5～1	116 37 40	116 37 42	300 48 52	N 59 11 08 W	
	539 59 50	540 00 00			
	10/5＝2″				

6.4.3 閉合差と閉合比

1)　閉合差（閉合誤差）　ある閉合トラバースにおいて，いま角観測や距離測定が完全に実施されたとすると，理論的にはそのトラバース計算結果の緯距の正の総和と負の総和，経距の正の総和と負の総和との絶対値は等しくなる．また，結合トラバースでは既知点の座標値に一致する．しかし，実際の測定では少なくとも多少の誤差を伴うことが多い．閉合トラバース，結合トラバースでの緯距および経距に生じたわずかな緯距の誤差を E_L，経距の誤差を E_D とすると，この両者は図6.7のような位置関係となる．この出発点に閉合しない，あるいは

(a) 閉合トラバースの閉合差
E ：閉合誤差
E_L ：緯距の閉合差
E_D ：経距の閉合差

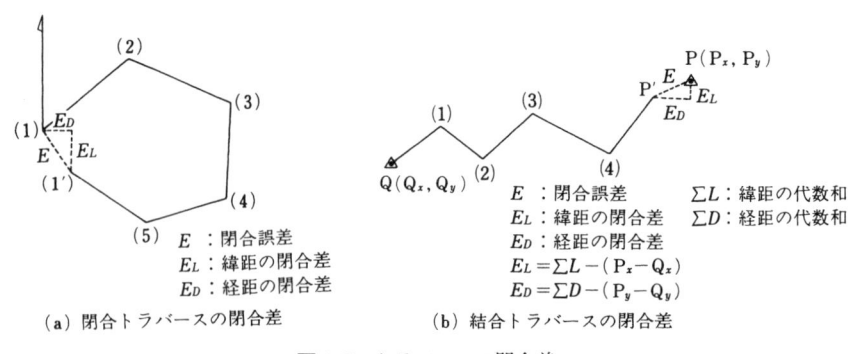

(b) 結合トラバースの閉合差
E ：閉合誤差
E_L ：緯距の閉合差
E_D ：経距の閉合差
$E_L = \Sigma L - (P_x - Q_x)$
$E_D = \Sigma D - (P_y - Q_y)$
ΣL ：緯距の代数和
ΣD ：経距の代数和

図6.7　トラバースの閉合差

既知点に結合しない距離が閉合差（error of closure）であり，これは次式により求めることができる．

$$E=\sqrt{(E_L)^2+(E_D)^2}$$

E_L：緯距の誤差，E_D：経距の誤差

【例題6.2】 表6.4の結果から，この閉合トラバースの緯距，経距，閉合誤差，閉合比を求めてみよう．
【解】

表6.5

測点	距離(m)	磁方位	緯距 +	緯距 −	経距 +	経距 −	
1～2	51.977	N 58 20 00 E	27.287		44.238		$E=\sqrt{(0.028)^2+(0.016)^2}$
2～3	73.702	N 73 05 48 E	21.429		70.518		$=0.032$ m
3～4	35.342	S 24 30 34 E		32.157	14.661		閉合比$=0.032/313.367$
4～5	90.034	S 57 26 34 W		48.451		75.886	$=1/9717$
5～1	62.312	N 59 11 08 W	31.920			53.515	$\fallingdotseq 1/9700$
	313.367		80.636	80.608	129.417	129.401	
			0.028		0.016		

2） **閉合比**（ratio of error of closure） 一般に，トラバース測量の精度（precision）は閉合比で示される．これは，トラバース測量での閉合差の全測線長に対する比で，分子を1とする分数で示される．もし，大きな閉合比となった場合は，計算に誤りがないとすると既に測定角は満足して調整しているから，距離測定に誤りがあるとみてよい．この場合，トラバース測量の結果を簡単に座標にとり，閉合誤差（E）の方向と同方向にある測線の測定に過失があると判断して再測してみる．トラバース測量での閉合比の許容範囲は測量地域の地理的条件などによりいくぶん異なるが，標準的には次のように定められている．

  ① 市街地測量のような平坦な場所 $1/5,000 \sim 1/20,000$
  ② 山間部などの測量の困難な場所 $1/1,000$
  ③ 普通の地形，ゆるやかな傾斜の場所 $1/3,000 \sim 1/5,000$

6.4.4 緯距および経距の調整

トラバース計算での緯距と経距は，既に誤差を調整された測定角から求められている．したがって，距離測量に誤差がないものとすれば理論的には閉合誤差は生じないことになる．しかし，測定時の気温などの環境の変化や地形・地物の影響など，間接的に誤差に影響する要因は多いため，計算結果には閉合誤差が発生する．閉合比が定められた許容範囲を越える場合は再測しなければならない．許容範囲を満足した場合には，次に示すコンパス法則あるいはトランシット法則のいずれかを用いて，誤差を調整する．

1) コンパス法則 (compass rule)　この法則は，緯距および経距の閉合差をその測線長に比例配分して補正するもので，角測量と距離測量の精度が同程度の場合に適用される．

$$ある測線の緯距の補正量 = E_L \times L / \sum L$$
$$ある測線の経距の補正量 = E_D \times L / \sum L$$

E_L, E_D：緯距，経距の閉合差，L：ある測線の測線長，$\sum L$：全測線長

【例題 6.3】 表 6.5 の結果から，閉合誤差をコンパス法則で調整して，調整緯距，調整経距を求めてみよう．

【解】

表6.6　コンパス法則による調整

測点	距離(m)	緯距	補正量	調整緯距	経距	補正量	調整経距
1～2	51.977	+27.287	−0.005	+27.282	+44.238	−0.003	+44.235
2～3	73.702	+21.429	−0.007	+21.422	+70.518	−0.004	+70.514
3～4	35.342	−32.157	−0.003	−32.160	+14.661	−0.002	+14.659
4～5	90.034	−48.451	−0.008	−48.459	−75.886	−0.004	−75.890
5～1	62.312	+31.920	−0.005	+31.915	−53.515	−0.003	−53.518
	313.367	0.028	0.028	0.000	0.016	0.016	0.000

2) トランシット法則 (transit rule)　この誤差配分法は起伏の大きい地形や山地などに適しており，緯距および経距の閉合差を，緯距および経距の絶対値の総和にそれぞれ比例配分して補正するもので，角測量の精度より距離測量の精度が劣る場合に適用される．

$$ある測線の緯距の補正量 = E_L \times L_X / \sum L_X$$
$$ある測線の経距の補正量 = E_D \times L_D / \sum L_D$$

E_L, E_D：緯距，経距の閉合差，L_X：その測線の緯距，L_D：その測線の経

距，$\sum L_X$, $\sum L_D$：緯距，経距の絶対値の総和

【例題 6.4】 表 6.5 の結果から，閉合誤差をトランシット法則で調整して，調整緯距，調整経距を求めてみよう．

【解】

表 6.7 トランシット法則による調整

測点	距離(m)	緯距	補正量	調整緯距	経距	補正量	調整経距
1〜2	51.977	+27.287	−0.005	+27.282	+44.238	−0.003	+44.235
2〜3	73.702	+21.429	−0.004	+21.425	+70.518	−0.004	+70.514
3〜4	35.342	−32.157	−0.006	−32.163	+14.661	−0.001	+14.660
4〜5	90.034	−48.451	−0.008	−48.459	−75.886	−0.005	−75.891
5〜1	62.312	+31.920	−0.005	+31.915	−53.515	−0.003	−53.518
	313.367	0.028	0.028	0.000	0.016	0.016	0.000

6.4.5 合緯距と合経距

トラバース計算を終えたならば，次に続く細部測量やその他の目的に対して，作図しなければならない．測量結果に基づき直角座標系に測点を描くことを測点の展開（plotting）という．

多数のトラバース点を正確に展開するためには，図 6.8 のように合緯距および

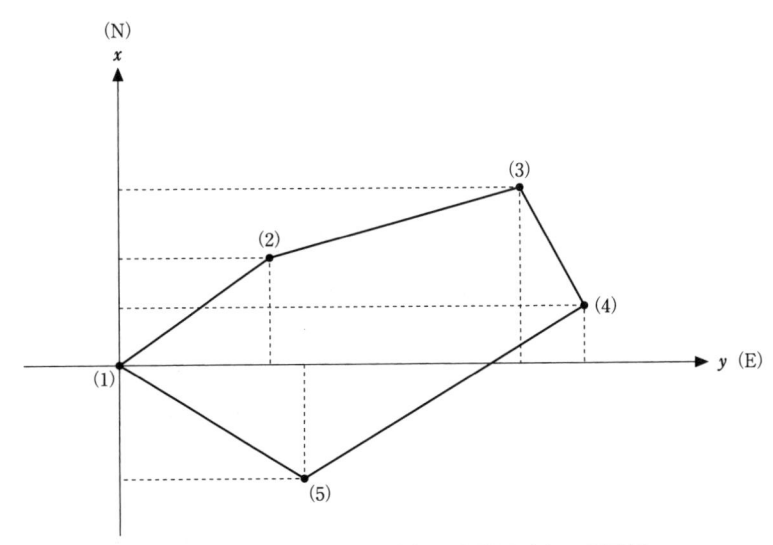

図 6.8 例題 6.5 の合緯距（x）と合経距（y）の概略図

合経距を用いる．合緯距（total latitude），合経距（total departure）は共通した座標軸上の各々のトラバース点から原点までの縦軸，横軸上の距離であるから，調整緯距および調整経距をそれぞれ代数和することによって求められる．この図は，上述の計算例のトラバースの概略図を示している．

【例題 6.5】 表 6.6 の結果から，合緯距，合経距を求めてみよう．

【解】

表 6.8

測点	調整緯距		調整経距		合緯距		合経距	
	+	−	+	−	+	−	+	−
1〜2	27.282		44.235		0		0	
2〜3	21.422		70.514		27.282		44.235	
3〜4		32.160	14.659		48.704		114.749	
4〜5		48.459		75.890	16.544		129.408	
5〜1	31.915			53.518		31.915	53.518	

7. 三角測量と三辺測量

ポイント 地図の作成,国土の調査,道路・鉄道・トンネル・河川などの土木工事,その他各種調査のための測量では,あらかじめ適当な数の基準点を設置しておく必要がある.この基準点を設ける測量を基準点測量という.

基準点測量の方法は,大別して三角測量,トラバース測量,三辺測量がある.トラバース測量については前章で詳述したので,この章では三角測量および電磁波測距儀を用いた新しい距離測量法による三辺測量について詳述する.

7.1 三 角 測 量

三角測量 (triangulation) は,測量区域を適切な大きさの三角網で覆い,三角形の既知の1辺と2角の測定によって三角形の大きさを決めることであり,最終的には,与えられた点(与点)をもとにして,すべての三角点の新点の位置(平面直角座標あるいは経緯度)と標高を求めることを目的としている.

7.1.1 三角形の配列

測量区域を覆う三角は,区域の形状・面積および精度によっていろいろな形態があるが,大別して三角網 (triangulation network) によるものと三角鎖 (triangulation chain) によるものとがある.

図 7.1 (a) のような三角網は,測量区域全体を一様な密度の三角形で覆ったもので地形測量に適している.図 (b) のような三角鎖を単鎖 (single chain),図 (c) のような三角鎖を複鎖 (multiple chain) という.精度は網,複鎖,単鎖の順に低下する.

図 (b) および図 (c) のような三角鎖は,遠く離れた2点の関係位置を定めるとき,または細長い地域の測量,すなわち路線測量・トンネル測量・河川測量

80   7. 三角測量と三辺測量

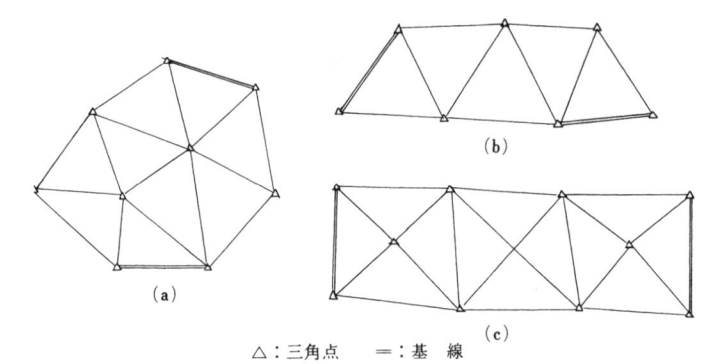

△：三角点　＝：基線

図7.1　三角形の配列

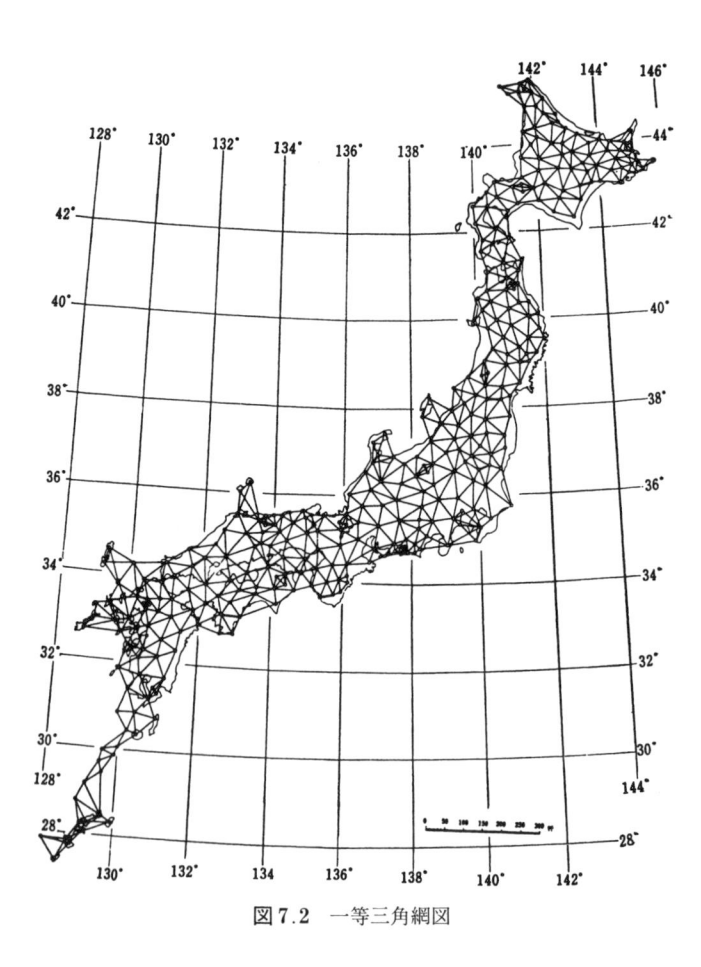

図7.2　一等三角網図

などに適している．

7.1.2 三角点の等級と精密測地網

わが国は明治のはじめ，全国の測地網の基準となる経緯度原点 (standard datum of geographical coordinates) を東京麻布に，さらに長さの基準となる基線を相模原に設けて，全国の一等三角測量を開始した（表7.1，図7.2）．

表7.1 三角点の等級

三角点の等級		平均辺長 (km)	精密測地網 (昭和48年～)
大三角	一等三角本点	45	
	一等三角補点	25	＊1次基準点
	二等三角点	8	
小三角	三等三角点	4	＊2次基準点
	四等三角点	1.5	

＊1次および2次基準点は三辺測量方式を原則とする．

一等三角測量は1辺約45kmの三角形の網で全国を覆う1次の測地網であり，この測量により設置される三角点を一等三角点という．実用上，この測地網を基準にして，内部に1辺約25kmの一等三角補点を，さらに，その内部に1辺約8km・4kmの二・三等三角点を設置している．一部地域には1辺約2kmの四等三角点が設置されている．これらの三角点が国家基準点 (national control points) として，わが国の位置の骨組みを形成してきた．

しかし，明治以来の測量成果も永年にわたる地殻変動や人為的な標石の変動などにより信頼性の低い所も出てきた．また，近年の国土利用の高度化，細分化はますます高精度な測量成果を要求するようになってきた．このような要望に対応するため，国土地理院では昭和48年 (1973年) から，精密測地網1次基準点測量と呼ばれる高精度な測量を全国を対象として実施してきた（図7.3）．これらの測量方法はレーザ測距儀を用いて，隣り合う三角点の距離を正確に測り直すものである．この測量では，従来の一等三角点，二等三角点を1次基準点とし，三等三角点，四等三角点を2次基準点として再編成するものである．

7.1.3 選　点

三角測量において新しい三角点の位置を選ぶことを選点という．選点の良否は，以後の測量の難易度・時間・費用および精度などに影響を及ぼすから，現地を十分に踏査しながらあらかじめ図上で計画した選点図を参考に，地形に応じて適切な三角点の位置を決定しなければならない．選点の要件は次のとおりである．

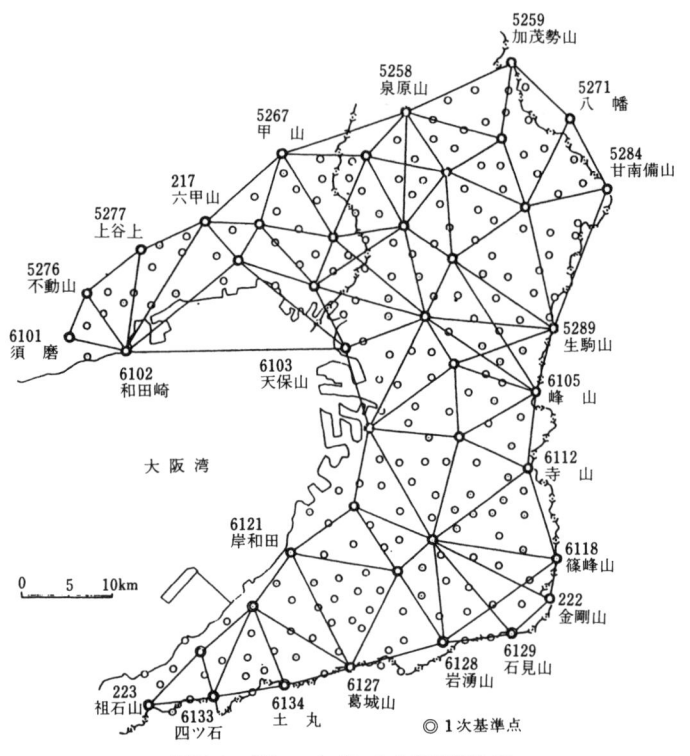

図7.3 新しい方式による精密測地網

① 三角点の数はなるべく少なく,その密度が均等であること.三角点は他の測量の基本となるものであるから,その地域内において均等に配置されていなければならない.また,細部測量の際にも利用価値の大きい点であること.

② 三角形の形状はできるだけ正三角形に近い方がよい.角観測の誤差が計算辺長に及ぼす影響を少なくするため,良好な地形でないときでも,1つの内角が25°以上120°以下になるようにする.

③ 三角点相互の見通しのよい位置を選ぶ.見通し線がよく,光の屈折の影響や他の新点の設置のことも考慮して,その付近のなるべく高い点に選点する.

④ 保存上良好な点であること.三角点は長く保存する場合が多いので,堅固で移動・沈下のない安定した地点であること.

7.1.4 造　標

　三角点の選点が終われば，この点を地上に明示するための標識を堅固につくる．この点を測点標識（station mark）という．図7.4に示す一等三角点標石のような永久保存の測点標識は，測量法施行規則にその詳細が定められている．

　次に，三角測量を実施する際，水平角および鉛直角を観測するための視準目標が必要となる．他の三角点から見通せるように測標（signal あるいは target）をつくることを総称して造標という．図7.5は視準標の一例を示したもので，図(a)は高さ4m以上の高測標で観測台付きの視準標である．図(b)は普通測標で多く用いられる．図(c)は簡易測標である．

　視準標を設けるには，次の要件を具備する必要がある．

　① 視準標の中心を正しく測点の直上に置く．もしこれが不可能なときは，角の帰心計算によって観測値を補正する．

　② 視準標が他の測点から明確に見えるようにする．視準標の心柱は距離に応じて望遠鏡内で適当な幅で現れ，十字線で正しく等分できることが必要である．

　③ 覆板の最下辺はとくに水平にする．これは鉛直角観測の際にこの部分を観測するからで

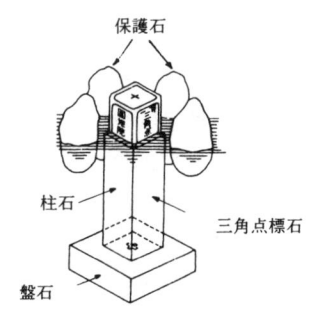

図7.4　三角点の標識

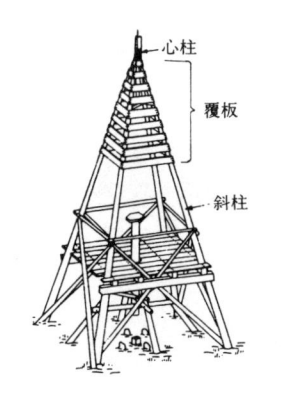

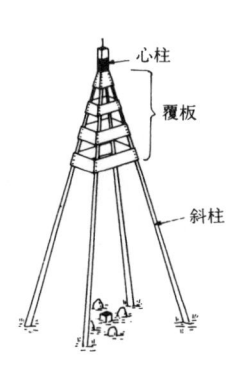

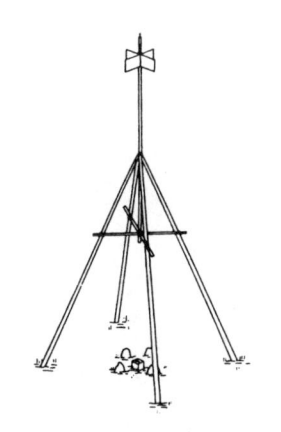

(a) 高測標　　(b) 普通測標　　(c) 簡易測標

図7.5　視準標（日本測量協会編「測量関係法令集」より）

ある．

④ 視準標は地上に堅固に固定され，風雨に倒れず，振動の少ないことが必要である．

7.1.5 角の偏心補正

三角形の内角を知るために水平角の観測，および標高を決定するために鉛直角の観測を行う．角観測については，5章の角測量で詳述したのでここでは省略する．

水平角の観測は，一般に測点に器械を据えて，他の測点を視準して行うが，三角測量においては，器械の中心，三角点標石の中心，視準標の中心などが一致しない場合があったり，鉄塔の先端などに三角点を設ける場合などもある．このような場合は，三角点の近くに仮の点を設けて角観測を行い，角の偏心補正 (reduction to center) によって三角点における角の補正を行う．

1) 三角点に器械が据え付けられない場合　図7.6において，A点，B点およびC点が三角点である．いま，A点では器械が据え付けられないのでA点の代わりにA′点を選んで器械を据えたとする．

この場合，A点の内角∠BACを求めるには，A′点からのA′BおよびA′Cの方向（xおよびy）がわかればよい．すなわち，∠BAC＝∠B′A′C′である．この x および y を偏心補正量という．

この偏心補正量 x を求める場合を考える．

偏心距離 AA′＝e，一辺 AB＝L，A′Bを基準とし AA′までの右まわりの角度

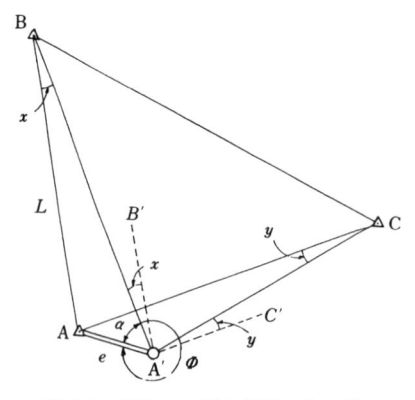

図7.6　三角点の偏心補正（その1） 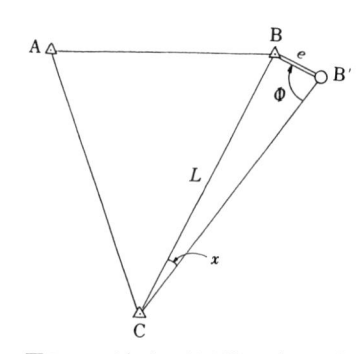　　図7.7　三角点の偏心補正（その2）

（偏心角度）$\varPhi$ を観測し，$\alpha=360°-\varPhi$ とすれば，次式が得られる．

$$\frac{\sin x}{e}=\frac{\sin\alpha}{L} \quad \therefore \quad \sin x=\frac{e\sin\alpha}{L} \tag{7.1}$$

式 (7.1) において，x は非常に小さい角であるから，$\sin x \fallingdotseq x/\rho''$（ラジアン）と近似できる（$\rho''$ は1ラジアンを秒で表した数で，以下では $\rho''=206{,}265''$ とする）ことを利用すると，

$$x=\rho''\frac{e}{L}\sin\alpha=206{,}265''\frac{e}{L}\sin\alpha \tag{7.2}$$

なお，この式で得られる補正角 x の単位は秒である．
偏心補正量 y についても，△AA'C から同様に得られる．

2) 三角点を視準できない場合　図7.7において，三角点Cの内角∠ACBを観測するのに，三角点Cに器械を据えたときB点が視準できないので，近くの視準標B'を視準して∠ACB'を観測した．

このとき，偏心距離 BB'=e，一辺 CB=L，B'C を基準とし BB' までの右まわりの偏心角度 $\varPhi$ を観測すると，偏心補正量 x は次式で得られる．

$$x=\rho''\frac{e}{L}\sin\varPhi=206{,}265''\frac{e}{L}\sin\varPhi \tag{7.3}$$

角の偏心補正は，三角測量だけに用いるのではなく，角測量の場合にすべて利用できる

7.1.6　測定角調整の条件

三角測量での観測値をそのまま用いたのでは，必要な幾何学的条件を満足しないので，辺長および方位角を計算する前に，これらの観測値の調整を行う．この場合の必要な幾何学的条件とは次のとおりである．

1) 測点または局所条件　ある1測点のまわりに存在する各角相互間の関係を示す条件で，測点または局所条件（station あるいは local condition）という．
① 1測点における各角の和は，その全角を1角として測った角度に等しい．
② 1測点のまわりにおけるすべての内角の和は 360° に等しい．
これらの条件式を測点方程式（station equation）という．

2) 図形または一般条件　三角網が安定した閉合図形を形成するために必要な各角相互間の関係を示す条件で，図形または一般条件（figure あるいは general condition）という．

① 三角形の内角の和は 180°に等しい．
② 三角網中の任意の1辺の長さは，計算の順序にかかわらず常に同一である．
これらの条件式を図形または一般方程式という．このうち①によるものを角方程式（angle equation），②によるものを辺方程式（side equation）という．

条件式の総数：三角点の総数が p のとき，1基線を測るとその両端点が定まるから，新たに定めるべき三角点数は $(p-2)$ である．しかし，基線を含む三角形でその両端の2角を測れば第3点が定まり，さらにまた2角を測れば第4点が定まる．そこで，$(p-2)$ 個の点を決定するのに必要な角数は $2(p-2)$ であって，測角数を r とすれば条件式の総数 S は次式で示される．

$$S = r - 2(p-2) \tag{7.4}$$

このうちには測点方程式と図形方程式の総数が含まれ，後者は，角方程式と辺方程式に分けて計算される．

調整計算には幾何学的条件をすべて同時に満足させる"厳密調整法"と幾何学的条件を1つずつ満足させていく"近似法"とがある．通常の三角測量では，この近似法が用いられる．

7.1.7 四辺形の調整

図7.8に示すような四辺形の場合，基線 AB と 8 つの内角を測定したときの調整法は次のようである．

1) 条件式　式 (7.4) より，$p=4$，$r=8$ であるから，条件式の総数は，$S=8-2(4-2)=4$ 個となる．このうち，角条件は次の3つとなる．

$$(1)+(2)+(3)+(4)+(5)+(6)+(7)+(8) = 360° \tag{7.5}$$

$$(1)+(2) = (5)+(6) \tag{7.6}$$

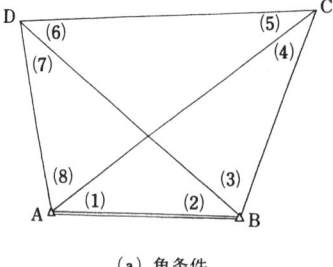

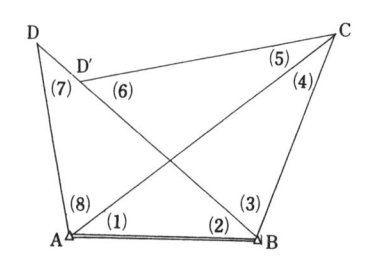

(a) 角条件　　　　(b) 辺条件

図 7.8　四辺形の調整

$$(3) + (4) = (7) + (8) \tag{7.7}$$

次に，辺条件を求めてみる．図 7.8(b) に示すような場合でも，角条件は成り立つので，四辺形を形成するためには，次の辺条件を満足させねばならない．すなわち，図の点 D と点 D′ が一致すれば，次式が成り立つ．

三角形 ABC において，$\dfrac{\sin(1)}{BC} = \dfrac{\sin(4)}{AB}$

三角形 BCD において，$\dfrac{\sin(3)}{CD} = \dfrac{\sin(6)}{BC}$

三角形 ACD において，$\dfrac{\sin(5)}{AD} = \dfrac{\sin(8)}{CD}$

三角形 ABD において，$\dfrac{\sin(7)}{AB} = \dfrac{\sin(2)}{AD}$

等式の両辺をそれぞれかけると次式が得られる．

$$\frac{\sin(1)\cdot\sin(3)\cdot\sin(5)\cdot\sin(7)}{\sin(2)\cdot\sin(4)\cdot\sin(6)\cdot\sin(8)} = 1 \tag{7.8}$$

辺条件は，式 (7.8) の 1 個である．

2) **四辺形の調整【例題】**　図 7.8(a) に示す四辺形において次のような実測角を得た．ⅰ) 角条件に対する調整およびⅱ) 辺条件に対する調整を行え．

$(1) = 47°53′40.0″$　　$(2) = 63°56′45.0″$

$(3) = 45°05′40.0″$　　$(4) = 23°03′50.0″$

$(5) = 54°41′30.0″$　　$(6) = 57°09′40.0″$

$(7) = 26°59′23.7″$　　$(8) = 41°10′00.0″$

【解】

ⅰ) 角条件に対する調整：

式 (7.5) から次式が得られる．

$$(1) + (2) + (3) + (4) + (5) + (6) + (7) + (8) - 360° = 28.7″$$

8 角で 28.7″ 多いので，これを 8 等分する．

$$V_1 = -28.7″/8 = -3.6″$$

式 (7.6) から次式が得られる．

$$(1) + (2) - (5) - (6) = -45.0″$$

この差は 4 角から生じるので 4 等分する．

$$V_2 = 45.0''/4 = 11.3'', \ 11.2''$$

合計値の少ない(1), (2)に11.3", 11.2"を加え, 合計値の大きい (5), (6) から 11.3", 11.2"を減じる.

式 (7.7) から次式が得られる.

$$(3) + (4) - (7) - (8) = 6.3''$$

この差も4角から生じるので4等分する.

$$V_3 = 6.3''/4 = 1.6'', \ 1.5''$$

合計値の大きい (3), (4) から 1.5", 1.6"を減じる. 合計値の少ない (7), (8) に 1.6"を加える.

以上の計算結果を表 7.2 に示す.

表7.2 四辺形の角条件の調整

角	観測角	調整量				角条件調整角
		V_1	V_2	V_3	計	
(1)	47°53′40.0″	−3.6″	+11.3″		+7.7″	47°53′47.7″
(2)	64°56′45.0″	−3.5	+11.2		+7.7	63°56′52.7″
(3)	45°05′40.0″	−3.6		−1.5″	−5.1	45°05′34.9″
(4)	23°03′50.0″	−3.6		−1.6	−5.2	23°03′44.8″
(5)	54°41′30.0″	−3.6	−11.3		−14.9	54°41′15.1″
(6)	57°09′40.0″	−3.6	−11.2		−14.8	57°09′25.2″
(7)	26°59′23.7″	−3.6		+1.6	−2.0	26°59′21.7″
(8)	41°10′00.0″	−3.6		+1.6	−2.0	41°09′58.0″
計	360° 0′28.7″	−28.7″	0.0″	0.1″	−28.6″	360° 0′00.1″

ii) 辺条件に対する調整:

辺条件の調整は, 角条件の調整が終わった角について調整する.

a) 対数を用いる場合

対数を用いた調整法は, 辺条件調整の考え方が理解しやすい点に特長がある.

式 (7.8) の対数をとると次式が得られる.

$$\log\sin(1) + \log\sin(3) + \log\sin(5) + \log\sin(7)$$
$$= \log\sin(2) + \log\sin(4) + \log\sin(6) + \log\sin(8) \qquad (7.9)$$

すなわち, 奇数角の $\Sigma \log \sin$ と偶数角の $\Sigma \log \sin$ が等しければ, 辺条件を満たしたことになる.

表7.3 の計算例に示すように, 偶数角の $\Sigma \log \sin$ が 677 だけ多くなっている.

表7.3 四辺形の辺条件調整（対数を用いる場合）

角	角条件調整角	log sin	秒差	角	角条件調整角	log sin	秒差
(1)	47°53′47.7″	−.129 6336	19.0	(2)	63°56′52.7″	−.046 5324	10.3
(3)	45°05′34.9″	−.149 8110	21.0	(4)	23°03′44.8″	−.407 0086	49.5
(5)	54°41′15.1″	−.088 3036	14.9	(6)	57°09′25.2″	−.075 6381	13.6
(7)	26°59′21.7″	−.343 1115	41.4	(8)	41°09′58.0″	−.181 6129	24.1
		−0.710 8597	96.3			−0.710 7920	97.5
	−)	−0.710 7920					+ 96.3
		−677					193.8

$$V_4 = \frac{677}{193.8} = 3.49'' = 3.5''$$

注：秒差は1秒変化したときの対数の値の変化量である．

これを等しくするには偶数角からそれぞれ 1″ を減じ，奇数角にそれぞれ 1″ を加えると，偶数角の $\Sigma \log \sin$ の値は，秒差の計 97.5 だけ少なくなり，奇数角の $\Sigma \log \sin$ の値は，96.3 だけ多くなるので，誤差は秒差の合計 193.8 だけ小さくなる．

ゆえに，677 の誤差を消去するためには，表 7.4 に示すように，$V_1 = 677/193.8 = 3.5″$ を偶数角からそれぞれ減じ，奇数角にそれぞれ加えれば，辺条件を満足することができる．

b) 実数（真数）を用いる場合

近年，コンピュータが普及しているので実数計算の方が便利である．いま，式 (7.8) の辺条件式を F で示す．

表7.4 四辺形の辺条件調整角

角	観測角	角条件調整角	調整量 V_4	辺条件調整角
(1)	47°53′40.0″	47°53′47.7″	+3.5″	47°53′51.2″
(2)	63°56′45.0″	63°56′52.7″	−3.5	63°56′49.2″
(3)	45°05′40.0″	45°05′34.9″	+3.5	45°05′38.4″
(4)	23°03′50.0″	23°03′44.8″	−3.5	23°03′41.3″
(5)	54°41′30.0″	54°41′15.1″	+3.5	54°41′18.6″
(6)	57°09′40.0″	57°09′25.2″	−3.5	57°09′21.7″
(7)	26°59′23.7″	26°59′21.7″	+3.5	26°59′25.2″
(8)	41°10′00.0″	41°09′58.0″	−3.5	41°09′54.5″
計	360° 0′28.7″	360° 0′00.1″		360° 0′00.1″

$$F = \frac{\sin(1)\cdot\sin(3)\cdot\sin(5)\cdot\sin(7)}{\sin(2)\cdot\sin(4)\cdot\sin(6)\cdot\sin(8)} = 1 \tag{7.10}$$

また実測角を $(1)'$, $(2)'$, …, $(8)'$ とし，それぞれの調整量 δ_1, δ_2, …, δ_8 とすると，実測角による辺方程式は次式で示される．

$$F = \frac{\sin(1)'\cdot\sin(3)'\cdot\sin(5)'\cdot\sin(7)'}{\sin(2)'\cdot\sin(4)'\cdot\sin(6)'\cdot\sin(8)'} = \frac{p_i}{p_j} \tag{7.11}$$

いま，式 (7.10) を (1) で偏微分すると，

$$\frac{\partial F}{\partial(1)} = \cos(1)\frac{\sin(3)\cdot\sin(5)\cdot\sin(7)}{\sin(2)\cdot\sin(4)\cdot\sin(6)\cdot\sin(8)}$$

$$= \frac{\cos(1)\cdot\sin(1)\cdot\sin(3)\cdot\sin(5)\cdot\sin(7)}{\sin(1)\cdot\sin(2)\cdot\sin(4)\cdot\sin(6)\cdot\sin(8)}$$

一般的に，次式で示される．

$$\frac{\partial F}{\partial(i)} = \cot(i)\cdot F = \cot(i), \quad i=1,3,5,7 \tag{7.12}$$

同様に，式 (7.10) を (2) で偏微分すると，

$$\frac{\partial F}{\partial(2)} = \frac{-\cos(2)\cdot\sin(1)\cdot\sin(3)\cdot\sin(5)\cdot\sin(7)}{\sin^2(2)\cdot\sin(4)\cdot\sin(6)\cdot\sin(8)}$$

一般的に，次式で示される．

$$\frac{\partial F}{\partial(j)} = -\cot(j)\cdot F = -\cot(j), \quad j=2,4,6,8 \tag{7.13}$$

また，$\delta i = \partial(i), \quad i=1,3,5,7$
$\delta j = \partial(j), \quad j=2,4,6,8$

と考え，全微分すると次式が得られる．

$$\partial F = \sum\cot(i)\delta i - \sum\cot(j)\delta j \tag{7.14}$$

いま，辺条件による角観測誤差を w（秒）と置くと，

$$\sigma F = \bar{F} - F = \frac{p_i}{p_j} - 1 = w \tag{7.15}$$

が得られる．いま，角の調整量をすべて等しいと置き，$\delta i = -\delta j = V_4$ と考えると次式が得られる．

$$\left.\begin{array}{l}(\sum\cot(i)+\sum\cot(j))V_4 = w \\ V_4 = \dfrac{w}{\sum\cot(i)+\sum\cot(j)}\rho''\end{array}\right\} \tag{7.16}$$

よって，実数（真数）による辺条件の調整計算は，式 (7.15) および式 (7.16) を用いて行う．

表7.5 四辺形の辺条件調整（真数を用いる場合）

角	角条件調整角	$\sin(i)$	$\cot(i)$	角	角条件調整角	$\sin(j)$	$\cot(j)$
(1)	47°53′47.7″	0.741 9359	0.903 678	(2)	63°56′52.7″	0.898 3956	0.488 857
(3)	45°05′34.9″	0.708 2539	0.996 758	(4)	23°03′44.8″	0.391 7341	2.348 732
(5)	54°41′15.1″	0.816 0118	0.708 366	(6)	57°09′25.5″	0.840 1598	0.645 519
(7)	26°59′21.7″	0.453 8250	1.963 512	(8)	41°09′58.0″	0.658 2443	1.143 655

$$\Sigma\cot(i) = 4.572\ 314 \qquad \Sigma\cot(j) = 4.626\ 763$$
$$p_i = 0.194\ 5988 \qquad p_j = 0.194\ 6292$$

$$w = \frac{p_i}{p_j} - 1 = \frac{0.194\ 5988}{0.194\ 6292} - 1 = -0.000\ 156\ 1944$$

$$V_3 = \frac{w}{\Sigma\cot(i) + \Sigma\cot(j)} \times \rho'' = \frac{-0.000\ 156\ 1944}{9.199\ 077} \times 206\ 265'' = -3.50''$$

計算例を表7.5に示す．辺条件による角観測誤差 w は，式（7.15）から $w = -0.000\ 156\ 1944$ となり，辺条件による調整角は，式（7.16）から $V_4 = -3.5''$ となり，対数で求めた調整量 V_4 と同じになる．

7.1.8 辺長および三角点の座標計算

辺長については，すべての調整が終わった後に行う．三角網の各辺長は，1辺が既知（基線）であれば正弦定理を用いて順次，計算によって求めることができる．

また，三角点の座標計算も，角と辺長が得られているので閉合トラバースと考えて行えばよい．

7.2 三 辺 測 量

近年，エレクトロニクス技術の発達に伴い電磁波測距儀（光波測距儀）の開発が急速に進み，距離測定が短時間ですみ，かつ，その測距精度は測角精度を上まわるようになってきた．このため測角に代わり測距が多く取り入れられ三辺測量（trilateration）方式が実用性をもつに至った．平成8年（1996年）4月より国土地理院の公共測量作業規程が全面的に改正になり，人工衛星を用いたGPS測量（後述）とトータルステーションによる基準点測量が進められてきた．そして高精度の電子基準点が追加設置されてきている．

この三辺測量の新しい方式は，簡便で，天候にも左右されず，早くできるので，基準点測量においてGPS測量の補助として広く利用されている．

7.2.1 三辺測量の条件

三角測量は，三角形の内角を測定するもので，角の測定だけで三角形の形は決まるが，その大きさは決まらない．1つの三角形に着目すると，三角測量の場合，図7.9(a)に示すように1辺と2角（α, β）が決まれば，図形は一義的に求められるが，測角の誤差は検出されない．そこで，もう1つの余分の角（γ）

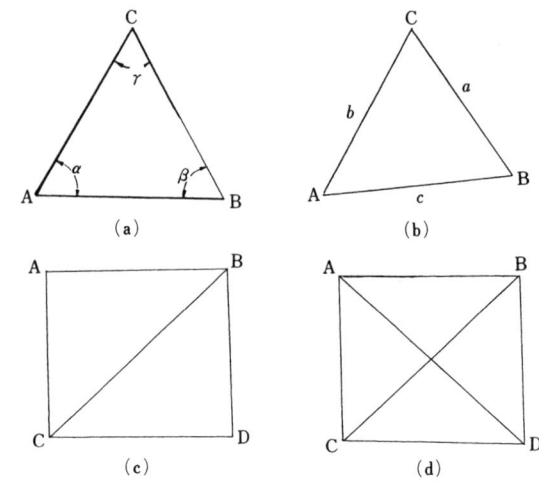

図7.9 三角測量と三辺測量

を観測することによって，観測値を規制する条件が得られる．

三辺測量では，図(b)のように三辺（a, b, c）を測定することによって一義的に三角形が得られてしまう．三角測量のような余分の観測がなく，観測値を規制する条件が得られないことになる．

そこで，三辺測量では，図形の形と大きさを決めるのに必要な測定数以外に，できるだけ余分の測定数が得られるような測地網を工夫する必要がある．

図(c)において，1個の三角形 ABC を形づくる測点を決定するには，三辺を測定する必要がある．さらに，1個の測点（D）を決めるには，もう2個の辺長（BD, CD）を測定する必要がある．以下，同様にして新点を追加するごとに2測辺を追加することになる．

いま，三角網の点の数を p，測辺の数を n とすれば，次の関係式が成り立つ．

$$n = 2p - 3 \tag{7.17}$$

この n は，新点決定に必要かつ十分な測辺の数である．

三角網に含まれる点の総数 p において，この点間で m 辺の距離測量を行った場合は，

$$C = m - n = m - (2p - 3) \tag{7.18}$$

が，新点決定に必要以外の測定量であり，条件の数ともいえる．

図(c)の三辺測量では，5つの辺を測定することにより一義的に四辺形が求ま

るが,余分な観測がないので測定誤差については検出できない.そこで,図(d)に示すように,対角線 AD を加えた 6 辺を測定すると,

$$C = 6 - (2 \times 4 - 3) = 1$$

となり,三辺形 ABC に三辺形 BCD をつけ加えた四辺形と,三辺形 ACD に三辺形 ABD をつけ加えた四辺形の間に条件が 1 個生じることになる.

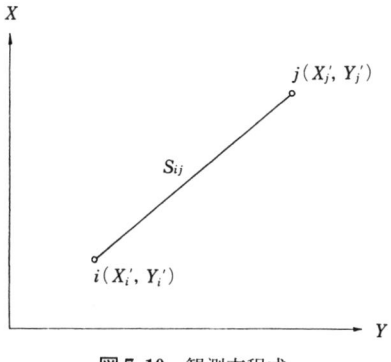

図 7.10 観測方程式

7.2.2 観測方程式

三辺測量の測定値の調整(adjustment)には,条件方程式によるものと,観測方程式によるものとがあるが,一般には観測方程式が用いられる.

観測方程式 XY 平面における観測方程式を導いてみる.いま,図 7.10 において点 i (X_i',Y_i'),点 j (X_j',Y_j') の間の距離 S_{ij} を電磁波測距儀により測定し,実測辺長 l_{ij} を得た.点 i および点 j は,それぞれ誤差(δ)を含んだ近似座標である.近似座標 (i,j) 点から次式が得られる.

$$S_{ij}'^2 = (X_i' - X_j')^2 + (Y_i' - Y_j')^2 \tag{7.19}$$

式 (7.19) を全微分すると,

$$2S_{ij}' \cdot dS_{ij} = 2(X_i' - X_j')(\delta X_i' - \delta X_j') + 2(Y_i' - Y_j')(\delta Y_i' - \delta Y_j')$$

が得られ,距離の誤差 dS_{ij} は,

$$dS_{ij} = \frac{X_i' - X_j'}{S_{ij}'}(\delta X_i' - \delta X_j') + \frac{Y_i' - Y_j'}{S_{ij}'}(\delta Y_i' - \delta Y_j')$$

となる.距離の最確値 S_{ij} は,次式で示される.

$$S_{ij} = S_{ij}' + dS_{ij}$$

すると,実測値 l_{ij} の残差 ΔS_{ij} は,

$$\Delta S_{ij} = S_{ij} - l_{ij} = S_{ij}' + dS_{ij} - l_{ij}$$

となり,ここで,

$$A_{ij} = \frac{X_i' - X_j'}{S_{ij}'}, \quad B_{ij} = \frac{Y_i' - Y_j'}{S_{ij}'}, \quad C_{ij}' = S_{ij}' - l_{ij} \tag{7.20}$$

とおくと,観測方程式が次のように得られる.

$$\varDelta S_{ij} = A_{ij}(\delta X_i' - \delta X_j') + B_{ij}(\delta Y_i' - \delta Y_j') + C_{ij} \tag{7.21}$$

7.2.3 観測方程式による平均計算

観測方程式は，実測距離1辺に対して1つ得られる．これらの観測方程式群と最小2乗法の条件，

$$\frac{\partial [p_{ij}\varDelta S_{ij}^2]}{\partial \delta_k} = 0 \tag{7.22}$$

から，標準方程式が得られる．

この標準方程式は n 元の連立方程式であり，これを解いて補正量 δ_k を求める．ただし，$n = \delta_k$ の数．

【例題7.1】 図7.11に示すように，既知の点 (P_1, P_2, P_3, P_4) から点 P_0 までの距離 $S_{10}, S_{20}, S_{30}, S_{40}$ を測定した．正しい点 P_0 の位置を求めよ．

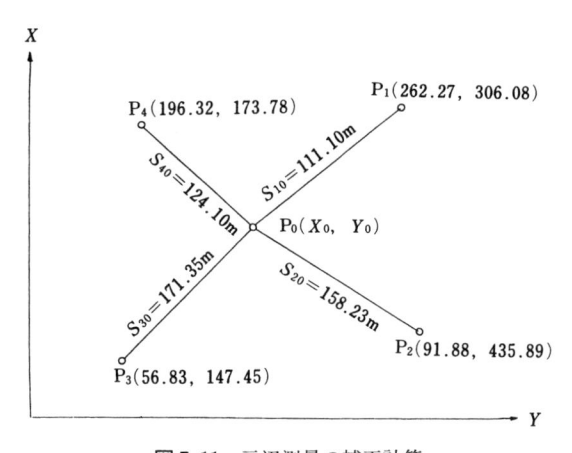

図7.11 三辺測量の補正計算

【解】

ⅰ) 既知の2点から点 P_0 の近似座標 (X_0', Y_0') を求め，$X_0' = 152.36$，$Y_0' = 289.78$ とする．

ⅱ) 式 (7.19) から，点 P_0 の近似座標と各既知点までの距離を計算する．

$$S_{10}' = 111.112 \text{ m}, \quad S_{20}' = 158.133 \text{ m}$$
$$S_{30}' = 171.417 \text{ m}, \quad S_{40}' = 124.050 \text{ m}$$

7.2 三辺測量

iii) 式 (7.20) の観測方程式の係数を求める.

$i \sim j$	A_{ij}	B_{ij}	C_{ij}
1~0	0.989 181	0.146 699	0.012
2~0	$-0.382\ 463$	0.923 971	-0.097
3~0	$-0.557\ 296$	$-0.830\ 314$	0.067
4~0	0.354 372	$-0.935\ 104$	-0.050

iv) 次に, 式 (7.21) から観測方程式を求めるが, いま, 点 P_1~点 P_4 は既知点であり, 誤差を含んでいないので, 式 (7.21) の $\delta X_i' = \delta Y_i' = 0$ ($i = 1 \sim 4$) となる.

よって観測方程式は次式で示される.

$$\Delta S_{ij} = A_{ij}(-\delta X_j') + B_{ij}(-\delta Y_j') + C_{ij} \tag{7.23}$$

これをマトリックス表示すると次のようになる.

$$\begin{bmatrix} \Delta S_{10} \\ \Delta S_{20} \\ \Delta S_{30} \\ \Delta S_{40} \end{bmatrix} = \begin{bmatrix} 0.989\ 181 & 0.146\ 699 & 0.012 \\ -0.382\ 463 & 0.923\ 971 & -0.097 \\ -0.557\ 296 & -0.830\ 314 & 0.067 \\ 0.354\ 372 & -0.935\ 104 & -0.050 \end{bmatrix} \begin{bmatrix} \delta X_0' \\ \delta Y_0' \\ 1 \end{bmatrix} \tag{7.24}$$

$\delta X_0'$ および $\delta Y_0'$: 点 P_0 の近似座標 (X_0', Y_0') のもった誤差.

v) 測定値の重み p_{ij} を測定距離に反比例するものとし, p_{10} の重みを 1 とすれば,

$$p_{10} = 1.000\ 000, \quad p_{20} = 0.702\ 142$$
$$p_{30} = 0.648\ 381, \quad p_{40} = 0.895\ 246$$

となる.

vi) 最小 2 乗法の条件式 (7.22) を用いて, 式 (7.24) を $\delta X_0'$ および $\delta Y_0'$ でそれぞれ偏微分する.

$$\frac{\partial [p_{ij} \Delta S_{ij}^2]}{\delta X_0'} = 0, \quad \frac{\partial [p_{ij} \Delta S_{ij}^2]}{\delta Y_0'} = 0$$

以上の 2 式から, 標準方程式が次のように得られる.

$$\left. \begin{array}{l} 1.394\ 99\ \delta X_0' - 0.099\ 6519\ \delta Y_0' = -0.001\ 92 \\ -0.099\ 6519\ \delta X_0' + 1.850\ 78\ \delta Y_0' = -0.055\ 8 \end{array} \right\} \tag{7.25}$$

式 (7.25) を解いて, 点 P_0 の近似座標の誤差 $\delta X_0' = -0.0035$ m, $\delta Y_0' = -0.0304$ m を得る.

vii) 点 P_0 の正しい座標値 (X_0, Y_0) は, 次のようになる.

$$X_0 = X_0' + \delta X_0' = 152.36 - 0.004 = 152.356 \text{ m}$$
$$Y_0 = Y_0' + \delta Y_0' = 289.78 - 0.030 = 289.750 \text{ m}$$

8. 平板測量

ポイント 平板測量は，基準点測量で得られた測点を基準として，地表上の建物，道路，田畑，河川，森林などの地物の位置関係や土地の起伏に伴う地形状況を測量して，利用目的にあった地形図等を作成する作業をいう．測量器械は，従来は平板とアリダードを用いていたが，最近はトータルステーションやGPSなどを使用する方法が取り入れられ，平板測量の作業効率や精度の向上に貢献している．この章では，アリダードによる平板測量と電子平板測量について述べる．

8.1 平板測量概説

8.1.1 概説および特徴

平板測量は，地形図や平面図を作成するときの細部を測量する方法で，用いる器械により次の2つがあり，その特徴は異なるところが多い（表8.1）．

1) アリダードによる平板測量 平板，アリダード，巻尺を用いる伝統的な測量方法であり，測量対象地域が小さい場合などに適している．

2) 電子平板測量 トータルステーションと携帯パソコンを組み合わせたものであり，精密で広い範囲の測量ができる．

8.1.2 平板測量の作業工程

平板測量は，大まかに①計画，②基準点測量および図根点の展開，③細部測量，④編集，⑤地形図作成の作業工程で行われ，基準点をもとにした細部測量により現地で地形図を完成していく．地形図の縮尺は 1/250, 1/500, 1/1000 が標準である．

基準点測量は，通常，セオドライトと巻尺，またはトータルステーションを用

表8.1 平板測量の特徴

項　目	アリダードによる平板測量	電子平板測量
価格・操作性	安価，軽量で操作が簡単であるが，広域な測量には不向き.	高価，操作に慣れるまでに時間が必要であるが，広域に測量できる.
測量効率	測量地域に起伏があったり視準距離が長くなると，作業効率が低下.	測定は測量区域の起伏や視準距離の影響を受けず，描画はタッチ操作で簡単に行うので，作業効率が良い.
図面情報	測量結果は図面のみであるため，図面における縮尺の変更，再生産，2次加工は困難.	測定値が3次元のデジタルデータを取得するため，測量中や測量後の縮尺の変更が簡単．測量データの共有化が可能で，図面の高低を含む2次加工が簡単にできる.
精　度	視準距離が長くなると精度は低下し，精度は図面の縮尺に依存するため，高い精度は期待できない.	精密な測定ができるので，同一精度における縮尺変更が可能であり，高い精度が期待できる.

いて測量範囲を考慮して基準点の数と位置を定めてトラバース測量を行い，アリダードによる平板測量では平板の図紙上に図根点を展開し，電子平板測量では携帯パソコン画面上の図根点を基準にして細部測量を行う．アリダードによる平板測量でも基準点測量は行えるが，図解法で行うため高い精度は期待できない．

　細部測量は，図根点に器械を設置して地物のすべてを細部にわたって図化するために行う測量である．地形や地物の状況より図根点に器械を設置して測量ができない場合は，器械を任意の位置に移設して行う．

　編集は，細部測量の結果を規定の図式に従って平板原図を作成する作業である．

8.2　アリダードによる平板測量

8.2.1　平板測量の器具

　平板測量に必要な器具には，1) 平板，2) 三脚，3) アリダード，4) 求心器，5) 磁針箱（図8.1）の他，巻尺・ポールなどがある．

　1) 平　板　　平板は，よく乾燥して軽量でひずみの生じない檜などでつくられ，大きさは3種類あり，その中で50×40 cmの中平板が多用されている．表面は平滑に仕上げられ，隅には磁針箱を付ける穴があり，裏面には三脚に固定するための機構を備えてある．平板測量には平板の上に伸縮の少ない図紙を貼って行い，図紙には片面がサンドマットになっているポリエステルフィルムが多用さ

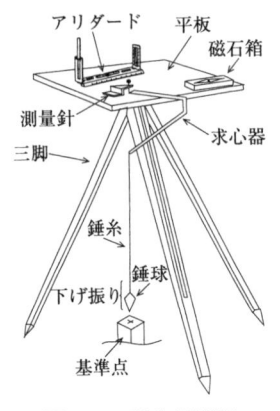

図8.1 平板測量器具

れている．

2) 三 脚 三脚には直脚と伸縮脚があり，木製で軽量のものが用いられる．平板の取付け装置には，脚頭に整準装置の付いたものと，頭部が自由に回転する球面板が取り付けてあるものがある．

3) アリダード アリダードは，平板上で目標を視準して方向線を図上に描く器具をいい，視準線の傾斜から間接的に距離や高低差を求めることもできる．アリダードは，その構造により視準板付きと望遠鏡付きに分けられる．

① 視準板付きアリダード（図8.2） アリダードといえばこの型式のものを指し，縮尺定規，前・後視準板，気泡管，外心かんが装備され，前・後の視準板間隔が22 cmと27 cmのものがある．

縮尺定規は縁に縮尺に応じた目盛が刻んであり，目的とする縮尺定規をねじで取り付ける．

視準板は前・後視準板に分かれ，縮尺定規の両端に折りたたみ式で取り付けてあり，直立させて使用する．前視準板に方向視準のための1本の視準糸（太さ0.2〜0.4 mm）が張られ，視準板間隔の1/100を1目盛とした目盛を内側に施してあり，高低差を測定するときに用いられる．後視準板には前視準板の35，20，0に対応した位置に視準孔（直径0.4〜0.8 mm）が3つあけてあり，これが引き出せる構造であるため高低差がある場合の視準に便利である．視準孔から視準糸を通じて目標を視準して視準線の方向を決定し，視準線は定規縁と平行である．

気泡管は平板を水平にするために用いるもので，外心かんは測量中に気泡管が視準方向に偏位したとき，気泡を中央に移動させるものである．

視準板付きアリダードには，構造上次のような誤差が

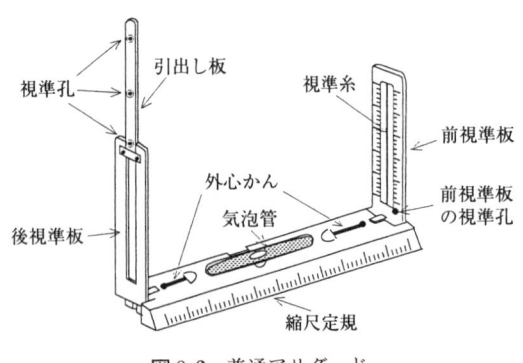

図8.2 普通アリダード

ある.

視準誤差：視準孔直径の大きさ d, 視準糸の太さ f, 前・後視準板の距離 c により, 図上の求点位置に生じる誤差 q をいい, 方向線の長さ l によって変化し, 次式で表される.

$$q = \frac{\sqrt{d^2+f^2}}{2c} \times l \tag{8.1}$$

【例題 8.1】 1/500 の平板測量において, アリダードは, 前・後視準板の距離 $c=22$ cm, 視準孔の直径 $d=0.6$ mm, 視準糸の太さ $f=0.4$ mm のものを用いた. 平板測量で許容される図上誤差 q が 0.2 mm であるとき, 最大の視準距離 L はいくら以内にすべきか.

【解】 式 (8.1) より, $q=0.2$ mm のときの方向線の長さ l を求める.

$$l = \frac{2cq}{\sqrt{d^2+f^2}} = \frac{2 \times 22 \times 0.02}{\sqrt{0.06^2+0.04^2}} = 12.2 \text{ cm}$$

$$L = 12.2 \times 500 \fallingdotseq 61 \text{ m}$$

外心誤差：アリダードの定規縁は, 視準面と平行で外側に 3 cm 離れて位置するため, 方向線に生じる誤差であり, この誤差 q は図面縮尺の分母数 M との関係により次式で表される.

$$q = \frac{30}{M} \text{(mm)} \tag{8.2}$$

一般に許容される図上誤差は 0.2 mm であるので, このとき許容される縮尺の限界は 1/150 であり, これ以下の縮尺であれば外心誤差を考慮しなくともよい.

② 望遠鏡付きアリダード（図 8.3）　アリダードの視準精度を高めることと遠くを視準できるように, 視準板の代わりに望遠鏡を取り付けたものであり, 視準線は定規縁を通る鉛直面内にあるようにつくられ, 望遠鏡には鉛直目盛盤, バーニヤ, スタジア線を備えている.

この他に, 望遠鏡付きアリダードに光波測距儀を装備したものもあるが, 最近ではトータルステーションを用いた電子平板に役目を譲っている.

4) 求心器　地上の測点と図面上の相当する点とを同一鉛直線上に置くために用いる器具であり, 下げ振りと組み合わせて用いる.

5) 磁針箱　平板の方位や磁北方

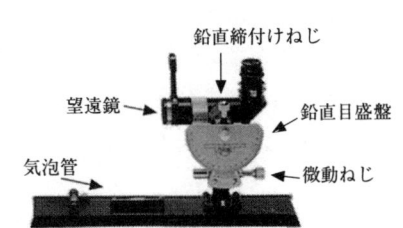

図 8.3　望遠鏡付きアリダード（オカモト製）

向を定めるために用いるもので,平板に取り付けて使用する.細長い長方形の金属箱に磁針が入っており,箱の長手方向の外縁は磁針のNS線と平行で,磁北線は外縁に沿って描く.

6) **測量針** アリダードで目標物を視準する場合,平板を据え付けた地上点に対応する平板上の点に刺し,アリダードの縮尺定規の縁に合わせて目標を視準し,視準線を早く正確に引くために用いる針である.針の径が小さいほど誤差は少なく,刺針した針穴は 0.1 mm 以下が望ましい.

8.2.2 平板の標定

平板測量では,平板上の測点が地上の測点上に正しく据え付ける必要があり,整準,求心,定位の3条件を同時に満足するように据え付けることが必要で,この作業を標定という.

1) **整準** 平板を水平にすることをいい,三脚の整準装置または球面板を用い,水平の検査はアリダードの気泡管を直角2方向に置いて行う.平板が傾いていると視準方向と高低差に誤差が生じる.水平がずれているとき,図上点におけるずれの量 q は,次式で示される.

$$q = \frac{2a}{r} \cdot \frac{n}{100} l \tag{8.3}$$

a:気泡の変位量,r:気泡管の曲率半径,n:分画数,l:図上の方向線長

製図における人間の目で判別できる最小距離は 0.2 mm 程度といわれ,これを図上点におけるずれの許容量とすれば,$r=1$ m,$n=20$,$l=100$ mm のときの気泡の変位量は 5 mm まで許容され,一般に平板の傾きは 1/200 まで許される.図上点のずれは,平板がアリダードの視準線方向に対して直角に傾いているときに大きくなり,平板と目標の高さの差が小さいほど少なくなる.

2) **求心**(図8.4) 地上の点と平坂上の図根点とが同一鉛直線上にあるようにすることである.求心器と下げ振りを用いて,図根点に求心器の先端を合わせ,下げ振りの先が地上の測点と一致するように移心器により平板を水平移動させる.求心による図上の求心誤差 q は,次式で示される.

$$q = \frac{2e}{M} \tag{8.4}$$

M:図面縮尺の分母,e:地上の点と平板上の点との偏心距離

8.2 アリダードによる平板測量

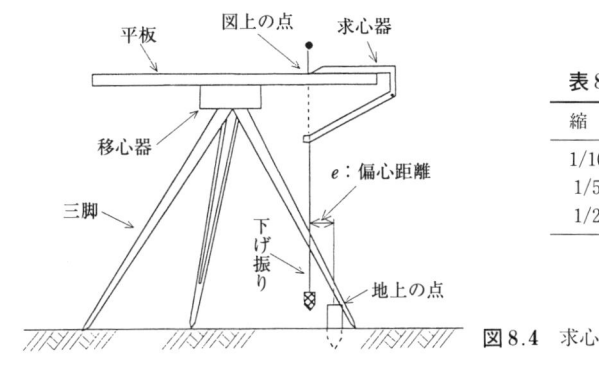

表8.2 求心誤差の許容範囲

縮 尺	許容偏心距離（cm）
1/1000	10
1/500	5
1/250	2.5

図8.4 求心

【例題8.2】 1/500の平板測量において，図上誤差 q が0.2 mmまで許容されるとき，最大の偏心誤差を求めなさい．

【解】 式（8.4）より，偏心距離を求める．

$$e = \frac{qM}{2} = \frac{0.2 \times 500}{2} = 50 \text{ mm}$$

同様に，他の縮尺について求めると表8.2になる．

3) 定 位 平板上の測線の方向と地上の測線の方向を一致させることをいい，この定位の誤差が測量全体の精度に最も大きく影響し，定位がよくできていないと図がねじれてくるので，とくに注意して行わなければならない．

定位には，①既知点の1つに平板を据え付けてから他の既知点の方向を視準して平板上と地上の測線の方向を一致させる方法，②磁石の磁針が正しく磁北を示したとき磁石箱の長辺に沿って方向線を引いて固定し，これを基準線として他の点では磁石の先端をこの直線に一致させる方法がある．一般には①の方法で行われ，②の方法は定位の精度が低く，また高圧線下や鉄道沿線では磁石に影響が生じるので用いない方がよい．

整準，求心，定位は，いずれか1つでも操作を行うと，他の要素まで影響を受けるので，3条件がすべて満足されるまで繰り返して行う．

8.2.3 平板測量の方法

平板測量の方法は，以下に示すように基準点測量には導線法，交会法，放射法，細部測量には放射法，前方交会法があり，目的，精度，地形状況などを考慮して適切な方法を選択する必要がある．測量目的に対応した測量方法を以下に挙げ説明する．

8. 平板測量

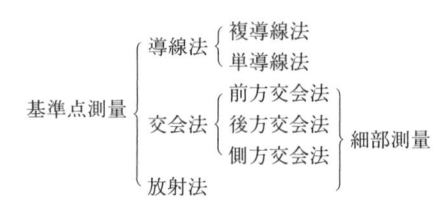

$$\text{基準点測量} \begin{cases} \text{導線法} \begin{cases} \text{複導線法} \\ \text{単導線法} \end{cases} \\ \text{交会法} \begin{cases} \text{前方交会法} \\ \text{後方交会法} \\ \text{側方交会法} \end{cases} \\ \text{放射法} \end{cases} \text{細部測量}$$

1) 導線法　導線法は平板を用いて直接図上にトラバースを決める骨組測量であり，①各測点に平板を据え，測点間の距離と測線の方向を測定して出発した測点に閉合する方法と，②2つの既知点間を同様な方法で結合させる方法がある．測量地域が狭く，距離測定がしやすく，主として平地部で用いられる．導線法には，各測点に平板を据えて行う複導線法と平板を1点おきに据えて磁石で標定を行う単導線法があり，単導線法は早くできるが精度が落ちるので一般的ではない．

複導線法による閉合トラバースの手順は（図 8.5），次のとおりである．

① 測量区域が図紙に入る大きさ，形，縮尺を考慮し，平板の位置と方向を考えながら据え付け，図紙上に地上点 A に対応する点 a を定め測量針を刺す．このとき磁石箱を用いて磁北の方向線を引く．

② アリダードを用いて図上点 a より地上点 B を視準し ab 測線の方向を定め，距離を測定して定められた縮尺で図紙上に b 点を記す．このとき，地上点 C も視準して ac の方向線のみを記入しておく．

③ 次に地上点 B に平板を移動し，地上点 A を後視して平板を標定した後，地上点 C を視準し bc 測線の方向を定め，BC 間の距離を測定し，図紙上に c 点を記す．このとき②で施した図上点 a から c への方向線が一致していることも確認する．

④ 以下同様の方法で C, D, E と進み，再び最初の点 A に戻る．地上点 E から地上点 A を視準して点 a の位置を定めると，図 8.6(a) で示すようにトラバースは閉合しないで a は a_1 の位置になり，$aa_1 = \varepsilon$

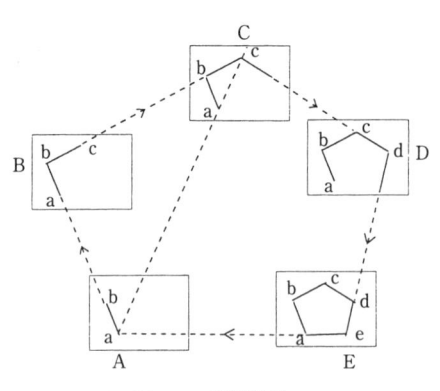

図 8.5　複導線法

の誤差が生じる．この誤差を閉合誤差といい，これは次式で示す閉合比で表す．

$$閉合比 = \frac{\varepsilon}{\Sigma L} = \frac{1}{\Sigma L/\varepsilon} \quad (8.5)$$

ΣL：トラバースの全側線長

表8.3 閉合比の許容限界

土地の状況	許容限界
平坦地	1/1000
緩傾斜地	1/800～1/500
山地・複雑な地形	1/500～1/300

閉合比の許容限界は表8.3が一般的であり，それが許容限界内にあれば，閉合誤差の調整はコンパス法（全測線長に比例して配分）により，図解法で次のように行う（図8.6 (b)）．

① 図(b)のように任意の縮尺で一直線長aa_1を引き，a_1からεを高さとする直角三角形をつくる．

② 各測点における高さが誤差調整量であり，これを求める．

③ 図(a)の各点でaa_1に平行線を引き，その直線上に図(b)で求めた長さを取り，結んだ点が調整されたトラバースとなる．

2) 交会法 この方法は図解三角測量ともいわれ，2つまたは3つの既知点からの方向線により，目標とする点を図解により図面上で決めていく方法である．測量区域が広く，起伏が大きい場合や見通しはできるが直接距離が測れない場合などに用いられる方法であり，以下の3つの方法がある．

a. 前方交会法：この方法は，各既知点に平板を据えて各目標物の方向線を引き，それぞれの交点が目標物の位置となる．正確な位置を決めるような図根測量では3既知点から視準して決定し，細部測量では2既知点から視準して行えばよい．測量の手順は，以下のようである（図8.7）．

① 2点法：2つの既知点から1つの点Pの位置を求める場合，既知点Aから点Pを視準し方向線を引く．既知点Bに平板を移動し，点Pの方向線を引くと方向線の交点から図上の点pが決まる．

② 3点法：正確に測点位置を決定する場合，さらに既知点Cに平板を移動し，点Pの方向線を引くと図上の交点pが決

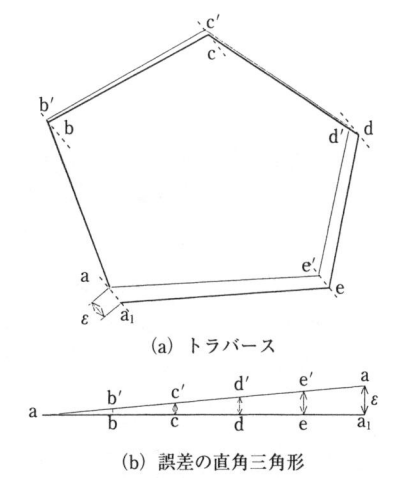

(a) トラバース

(b) 誤差の直角三角形

図8.6 図解式閉合誤差調整法

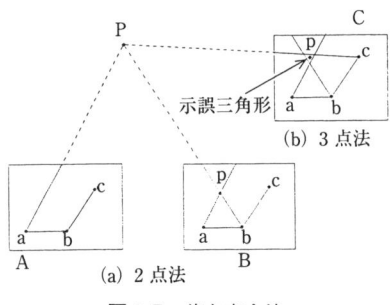

図8.7 前方交会法

まる.交点が1点で交会すればこれを用い,1点で交わらなければ図(b)のように小三角形ができ,測量の精粗が判断できる.この三角形を示誤三角形といい,その内接円の直径の許容限度は0.4 mm程度であり,それ以下のときにはその中心が求める点の位置となる.

この方法による測量精度を良くするには,①のときの交角は90°となるのが理想であるが,一般的には30～120°の範囲にすることが望ましく,②では30～60°の範囲である.しかも各方向線の長さをなるべく等しくするとよい.

b. 後方交会法:後方交会法は,測点の増設を行う場合,増設する地上の測点に平板を据え付けて磁石により定位し,地上の既知点と図上の図根点からの方向視準線の交会により,地上の増設点に対応する図上の点を決める方法である.この方法には透写紙法,レーマン法,ベッセル法がある.透写紙法は精度は劣るが現場で行うのに最も簡単な方法であり,レーマン法やベッセル法では3つの方向視準線は交会しないで示誤三角形を生じるため,その消去を行わなければならず,熟練していないと図上の点を決定するまで時間がかかる.この他磁石による方法があり,簡単であるが正確さは望めない.

[透写紙法(図8.8)]

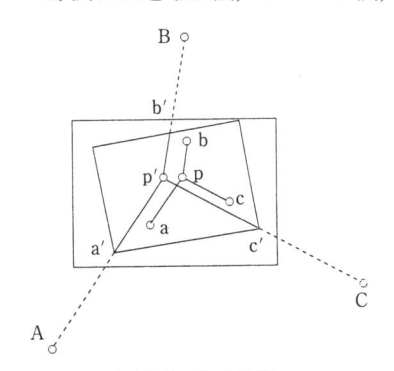

図8.8 透写紙法

① 平板に貼った図紙の上に透写紙を貼った平板を,既知点と図根点の位置関係を考慮してだいたいの見当で地上の点Pに据え付け,磁石で定位する.

② 地上の点Pを致心し,図上にp′を透写紙上に記す.p′から地上の点A,B,Cを視準し,それぞれの方向線を記入する.

③ 透写紙をはずして平板上を移動させ,それぞれの方向線を図根点a,b,cに一致させると,そのときのp′が地上の点Pに対応するpとなる.

[レーマン法(図8.9)]

8.2 アリダードによる平板測量

① 平板を既知点との位置関係を考慮してだいたいの見当で地上の点Pに据え付け，磁石で定位する．

② 図根点a，b，c点にアリダードを当ててA，B，Cを視準し，方向線Aa，Bb，Ccを引くと，1点で交会しないで示誤三角形が生じる．

③ 示誤三角形の処理方法は，その近くにp'を仮定して地上の点Pと致心してp'aをAの方向線に合わせた後，Bb，Ccの方向線を引く．示誤三角形が生じたら，この操作を示誤三角形ができなくなるまで繰り返す．

p'を仮定するには，求点pの位置によって次の法則がある（図8.10）．

ⅰ）p'が△abcの内部にある場合(図のⅠ)は，pは示誤三角形の内部にある．

ⅱ）p'が△abcの外部で外接円の内部にある場合(図のⅡ)，または外接円外にあって三角形の対頂角内（∠dbe）にある場合（図のⅢ），p'は中央の方向線に対して示誤三角形と反対側にある．

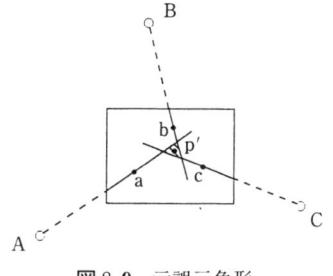

図8.9 示誤三角形

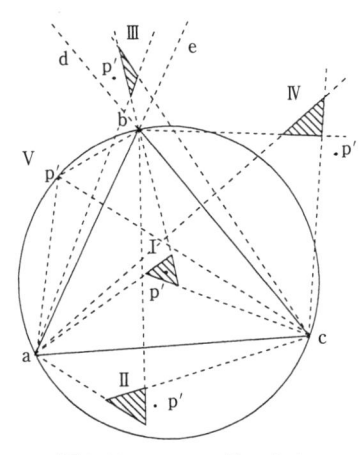

図8.10 レーマン法による示誤三角形の解法

ⅲ）p'が外接円の外にあって△abcの1辺に対する場合（図のⅣ），p'は中央の方向線に対して示誤三角形と同じ側にある．

ⅳ）p'が△abc外接円上にある場合（図のⅤ），平板の標定が正しくなくとも示誤三角形は生じない．

c．側方交会法：この方法は，既知点と増設しようとする点の方向線を利用して，方向線の交会により地上の増設点に対応する図上の点を決める方法である．見通しはよいが通過が困難な稜線などの測量に適している．

測量手順を示すと以下のようである（図8.11）．

① 既知点Aで平板を標定し，増設点Dを視準して方向線adを引く．

② 平板をおおよその見当で増設点Dに平板を据え付け，①で引いた方向線

ad により定位する．

③ 平板上の点 b をもとにして既知点 B を視準して方向線 Bb を引き，この方向線と最初に引いた方向線 ad との交会が増設点の図上位置となる．

④ 3方向線で行う場合は，さらに平板上の点 c をもとにして既知点 C を視準して方向線 Cc を引き，この方向線と最初に引いた方向線 ad とが交会する．

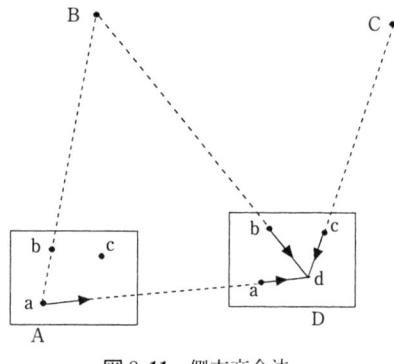

図 8.11　側方交会法

3) 放射法　放射法は図根測量やとくに細部測量に適用され，測定距離が巻尺の全長以下であるような小区域に用いられる．この方法は，地上の点で平板を標定し，目標物を放射状に順次視準し視準線方向と距離を測定し，図面上に指定の縮尺でその目標物を作図していく方法であり，障害物がなく見通しのよい地形に適している．放射法は，測量で生じた誤差の調整はできないので，平板の標定にずれを生じさせないように注意して測量する必要がある．

図 8.12 のように図根点 O に平板を標定した場合，測量手順は次のようである．

① トラバース測量の場合，図根点 O より測点 A を視準して方向線を決め，距離 OA を測定して図上に a を求める．この作業を各測点に対し順次行うと，図根点が得られる．

② 細部測量の場合，図根点 O において，①と同様な作業により各目標物に対して方向線と距離を求め，図上に目標物を図示する．図根点 O で取ることができない目標物は，平板を別の測点へ移動して既知点を用いて標定を行った後，細部測量を行う．

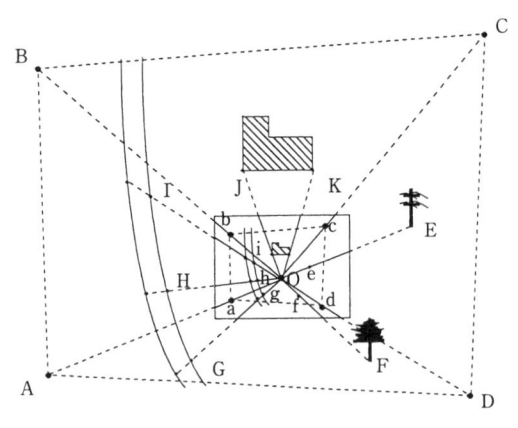

図 8.12　放射法

8.2.4 平板を用いない細部測量

1) 支距（オフセット）測量 細部測量の一方法で，求めようとする地物から測線へ垂線をおろしてそれぞれの距離を測定し，地物を図上に求める方法であり，スケッチ法と縦覧法がある（図8.13）．

① スケッチ法 現場の見取り図を書いた野帳に距離を記入する方法で，記入事項が少ないときに適する．

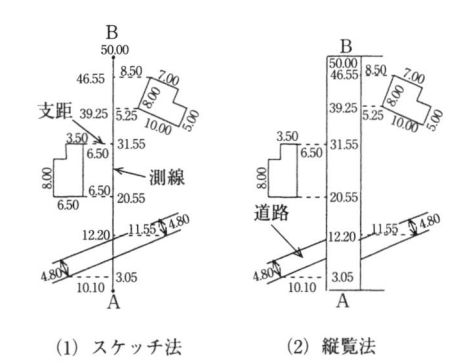

図 8.13 支距測量

② 縦覧法 1測線を2cm間隔の平行線を引き，その間に測点から対象とする地物までの追加距離を記入し，地物までの支距を記入する．

2) 家巻き法 建物の裏側など視準できないところは，図8.13で示すように建物をスケッチしてその長さを記入する方法である．

8.3 電子平板測量

8.3.1 概　　説

トータルステーション（電子式測角測距儀，以下TSという）は，1つの器械で角度と距離を精密に測定できるので多様な目的に利用され，地形測量の基準点測量や細部測量に多用されている．

トータルステーションによる細部測量は，基準点にTSを設置して地形図作成に必要なデジタルデータを取得する測量であり，次の2つの方式がある．

① オンライン方式 測量時にTSと図形編集ソフトを搭載した携帯パソコンをオンラインで接続し，測量結果を携帯パソコン上で直接図示しながら編集・点検を行うもので，測量方式がアリダードによる平板測量に対応することから，この組合せで行う細部測量を電子平板測量といえる．

② オフライン方式 測定時にデータ取得のみを行い，そのデータをもとに図形編集ソフトを搭載したコンピュータで地形図の編集・点検を行う方法である．この方式の場合，測定点を確認するため見取り図を作成しておくことと，地形図編集後，取り忘れなどの確認と必要に応じて補備測量を行うことが要求される．

いずれの方法でも，取得データがデジタルデータであるため，任意の縮尺で地形図を作成したり，等高線密度の任意な設定や3次元透視図などを自在に編集することが可能である．

8.3.2　電子平板測量のシステム構成

電子平板測量で用いる基本構成は，測定・図化の機能をもつ電子機器のハードウェア系とそれらの機能を統括するソフトウェア系からなる（図8.14）．

ハードウェア系では，測定はTSと反射プリズム（ノンプリズム型のTSもある）を用いて測角・測距を行い，図化はオンラインで接続してある携帯パソコンの画面に描画するシステムで，位置情報を3次元の座標値として得られる．携帯パソコンは持運びや機能性からペンコンピュータが多く用いられるが，ノート型パソコンにも対応する．

ソフトウェア系は，TSで測定したデータをパソコンに取り込み，パソコン画面に地形図を図化するためのソフトウェアであり，地形図作成に必要な様々なプログラムからなるCADシステムで構成される．操作性や図形処理機能は搭載CADにより大きく依存するので，必要とする機能を確認して利用する必要がある．

8.3.3　細部測量の方法

TSは基準点測量と地形測量における細部測量の両測量を行う機能をもっているが，電子平板による細部測量の大まかな手順は，①TSを基準点または任意の測点に設置して測角・測距システムを起動，②パソコンの電子平板測量プログラムを起動して基準点座標を入力，③細部測量，④測量結果の点検であり，①②はアリダード平板測量の標定に対応する．

細部測量では，①TSを基準点に設置して行う方法，②基準点にTSの設置が困難で任意にTS点を設置して行う方法がある．いずれの方法も，地形・地物の測定で見通しがで

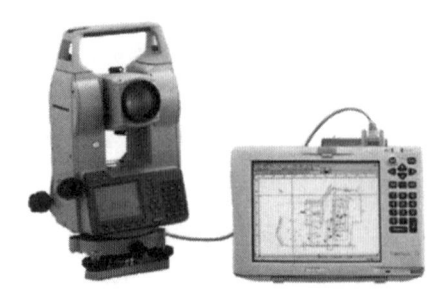

図8.14　電子平板のシステム構成（ソキア製）

きるところは放射法や前方交会法で行い，見通しができないところは支距測量や家巻き法で行う．

1) TS を基準点に設置して行う方法　一般的に行われる細部測量の作業方法であり，TS を基準点に正しく据え付けるために，平板の標定と同様に整準，致心した後，他の基準点を視準して零セットすると定位が行われる．これを基準に測角・測距から細部測量を開始する．

2) 基準点に TS の設置が困難で任意に TS 点を設置して行う方法　基準点に TS を設置して細部測量を行うのに見通しなどに不都合がある場合，基準点以外の測点に TS 点を増設して行う方法である．TS 点の設置は放射法が一般的であり，後方交会法により行う方法もある．

① 放射法　TS が設置できる基準点において，1) の方法により任意の地上点に TS 点をしるして距離と方向を測定すると，コンピュータが座標を計算するので，この TS 点を新たな基準点とする．TS をこの TS 点に移動し，1) の方法により TS を標定した後，細部測量を開始する．

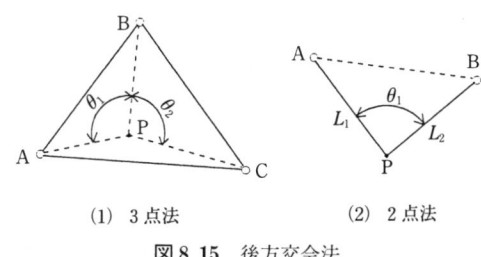

② 後方交会法（図 8.15）　後方交会法による TS 点の設置には，2 点法と 3 点法がある．

3 点法：点 P に TS を据え付け，既知点の 3 点の方向角 θ_1，θ_2 の測定により求める方法である．

2 点法：点 P に TS を据え付け，既知点までの距離 L_1，L_2 と夾角 θ_1 の測定から求める方法である．

通常，これらの方法による P 点の設置は，それらに対応した計算プログラムが TS に組み込まれており，それぞれの方法における必要な値を測定すれば，TS が計算する．

8.3.4　編　集

平板測量は，現場で直接地形図を作成していくので取り忘れがなく，とくに電子平板では地形図が数値化されているので，図形編集プログラムにより図面の縮尺を変更しながら削除・追

(1) 3 点法　　(2) 2 点法

図 8.15　後方交会法

加，正しい図式への修正などを簡単に行うことができる．図面の位置精度は，地形図が数値データであるので縮尺の大きさに影響を受けず，作図するプロッタの性能に依存する．これらの測量情報はデータとして一元管理ができるので，結果の多用な活用が可能である．

9. 地理情報システム（GIS）と地形測量

ポイント 地理情報システム（geographic information system）とは，地形に関する情報のみならず，土地利用，環境，交通，建物の他に行政に関連するような属性情報を含めたデータを管理するシステムの総称である．また，地形測量は地形図を作成するための平板測量や写真測量などを示すが，最近では従来の測量方法に代わって，電子平板，GPS，トータルステーション，リモートセンシング衛星画像やデジタルカメラなど，各種電子データから地形図を作成することも多用されるようになってきた．

　本章では，主にGIS，GPSおよびリモートセンシングを包括する空間情報工学の視点からの地形測量，デジタル地形図などについて記述する．また，2002年4月に改訂された測量法は地形測量によって得られた成果と密接に関連する．測地成果2000については，第1章を参照されたい．

9.1 地形図と数値地図の種類

　地形図（topographic map）とは土地の形状および地表面上にある自然・人工物等の状況を地図の縮尺に従って，できるだけ正確かつ網羅的に表示した地図であり，すべての地図の基本となる．

9.1.1 アナログ地図（紙地図）

　国土交通省国土地理院が作成する大縮尺地図で全国平野部とその周辺を整備する1/2,500～1/5,000程度の縮尺の図面は国土基本図と呼ばれている．表9.1に国土交通省国土地理院発行の主な地形図・国土基本図を示す．縮尺は一般に1/2,500から1/50,000程度のものであり，記述されている内容は(1)地形，(2)河川・湖沼・海，(3)植生，(4)交通，(5)建物，の他，地名，山名，河川等の名称等が注記されている．

9.1.2 数値地図

数値地図データとは，一般的にはコンピュータで扱えるように数値化された地図データのことをいう．写真測量やデジタルマッピングのように，図面の作成段階から数値化する方法と既成のアナログ地図（紙地図）からデジタイズして作成する場合がある．表9.2に示した数値地図の多くは表9.1に示した地形図や国土基本図から作成されている．

表9.1 主な地形図・基本図の名称と縮尺（紙地図）

縮 尺	種 類
1/2,500	国土基本図
1/5,000	国土基本図
1/10,000	地形図
1/25,000	地形図
1/25,000	地形図（A1判）
1/25,000	地形図（3色，4色）
1/50,000	地形図（6色）

1）**数値地図2500**（空間データ基盤）　数値地図2500（空間データ基盤）は1/2,500都市計画基本図を原資料として，縮尺1：2,500相当のベクトル形式データとして数値化された代表的な数値地図である．データは行政区域・海岸線，道路線，鉄道・駅，公共建物などの位置を表す座標値をもっており，点（ポイント），線（ライン），面（エリア）で構成されている．これは，道路ネットワーク解析等が可能な構造化されたデータであり，最短経路を検索できる他，種々の情報を属性情報として付与させやすい形式となっている．平成14年（2002年）には試験公開としてホームページから全国のデータのダウンロードも可能とした．図9.1に一例を示す．

表9.2 主な数値地図（デジタル地図）の名称とデータ形式

名　　称	データ形式
数値地図　2500（空間データ基盤）	ベクトルデータ
数値地図　25000（空間データ基盤）	ベクトルデータ
数値地図　25000（地図画像）	ラスターデータ
数値地図　50000（地図画像）	ラスターデータ
数値地図　200000（地図画像）	ラスターデータ
数値地図　25000（行政界・海岸線）	ベクトルデータ
数値地図　25000（地名・公共施設）	文字データ
数値地図　10 mメッシュ（火山標高）	メッシュデータ
数値地図　50 mメッシュ（標高）	メッシュデータ
数値地図　250 mメッシュ（標高）	メッシュデータ
日本国勢地図	文字データ他
細密数値情報（10 mメッシュ土地利用）	メッシュデータ
数値データ2 kmメッシュ（ジオイド高）	メッシュデータ

9.1 地形図と数値地図の種類

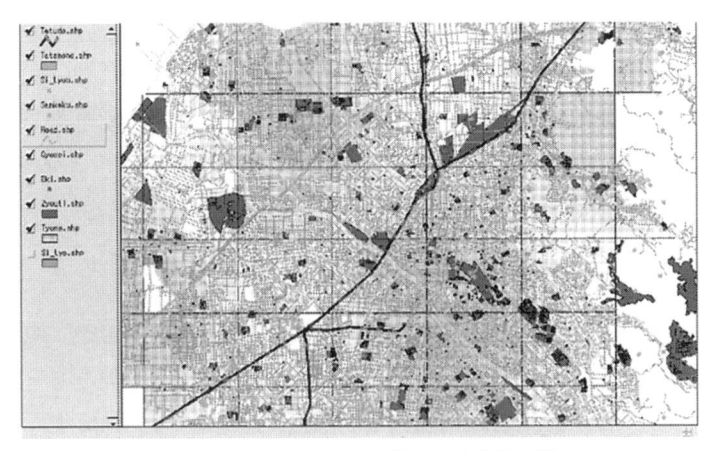

図 9.1 数値地図 2500 空間データ基盤の例

2) **数値地図 25000**（地図画像） 1：25,000 地形図をデジタル化したラスター画像で，アナログ地形図作成の際の原データとして使われている画像データを利用したものである．等高線の版，街並や道路の版，川や水面の版など版ごとの利用ができることで印刷地形図ではなしえなかった新しい地形図の利用ができるようになっている．図 9.2 に一例を示す．

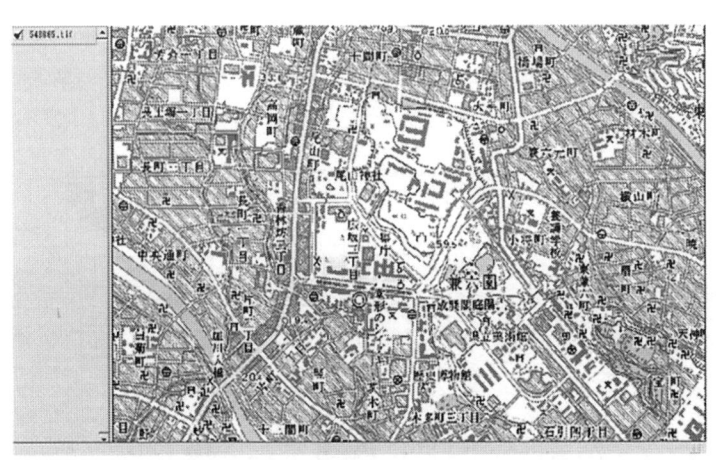

図 9.2 数値地図 25000（地図画像）の例

3) **数値地図 50m メッシュ**（標高） 1：25,000 地形図の等高線から求めた標高データで，データはテキスト形式で構成されている．1 枚の地形図を経度方向および緯度方向に 200 等分して得られる格子（地図上約 2 mm 四方）の中心

の標高値を算出したもので,実距離で約 50 m となっている.地形の表現精度が高いデータであるので,狭い地域を対象とした利用や解析に優れている.これを用いることによりコンピュータ上で立体地図を作り,山岳部の鳥瞰図や展望図などを作成できる(本章の9.6節参照).また,標高値を収めたデータであるため,2点間の地形の断面図なども作成することができる.

9.2 標準地域メッシュコード

地形図はメッシュに区切って位置を特定すると便利である.また,統計的なデータの分析にはメッシュ型データの利用が効果的である.地形図の場所を特定する地域メッシュの区切り方は大別すると,(1) 一定の経緯度間隔に基づいて分割する方法,(2) UTM座標系に基づいて分割する方法,(3) 平面直角座標系に基づいて分割する方法などがある.

地形図図式の装飾事項には標準地域メッシュに関する事項が規定されている.標準地域メッシュとは各種の統計に用いるために定められた経緯度によるメッシュシステムのことである.

1) **第1次地域メッシュ**(第1次地域区画) 20万分の1地勢図の大きさ(1°×40′:約 80 km×80 km)の区画.メッシュコードは 4 桁からなり,上 2 桁はメッシュ南端緯度の 1.5 倍,下 2 桁は西端経度の下 2 桁である.図 9.3 参照.

2) **第2次地域メッシュ**(第2次地域区画) 2万5千分の1地形図の大きさ(7′30″×5′:約 10 km×10 km)の区画.メッシュコードは 6 桁からなり,上 4 桁は第 1 次地域メッシュコードを表し,5 桁目は緯度方向の等分区画に南から数えた 0~7 の番号を,6 桁目は経度方向の等分区画に西から数えた 0~7 の番号をつけたものである.図 9.4 参照.

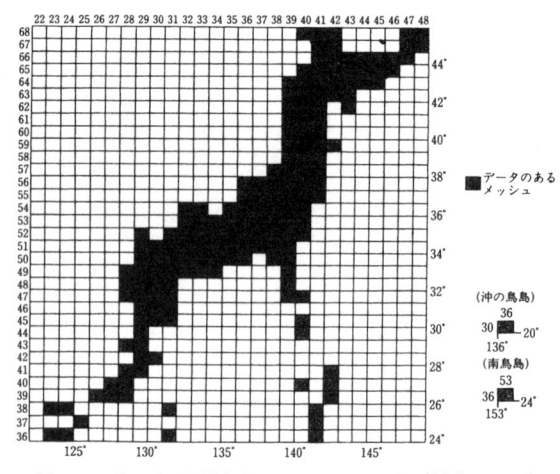

図 9.3 第 1 次地域区画のメッシュコード(村井,2000)

3) **第3次メッシュ**（第3次地域区画） 第2次地域メッシュの縦横を10等分（45″×30″：約1km×1km）した区画．メッシュコードは8桁からなり，上6桁は第2次地域メッシュコードを表し，7桁目は緯度方向の等分区画に南から数えた0～9の番号を，8桁目は経度方向の等分区画に西から数えた0～9の番号をつけたものである．図9.4参照．

4) **分割地域メッシュ** 第3次地域メッシュをさらに細かく分割したメッシュとして，3次メッシュを経線・緯線方向にそれぞれ2等分した2分の1地域メッシュ（約500m×500m），2分の1地域メッシュの各辺を2等分した4分の1地域メッシュ（約250m×250m），さらに4分の1地域メッシュの各辺を2等分した8分の1地域メッシュ（約125m×125m）などがある．8分の1地域メッシュではメッシュコードが11桁になる．

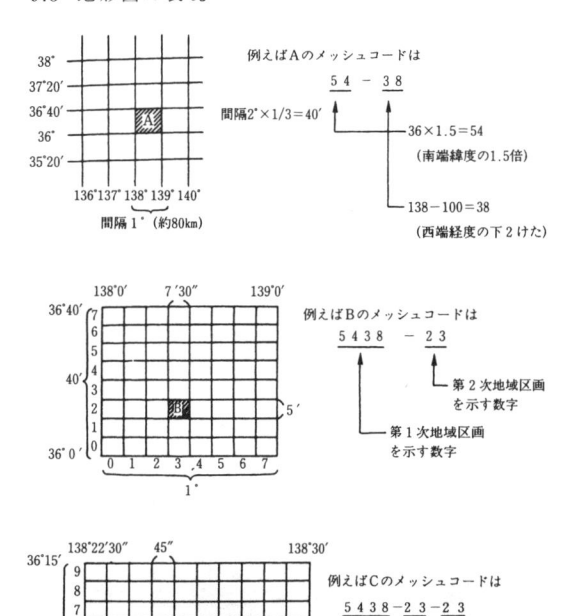

図9.4 第2次，第3次地域区画メッシュ（村井，2000）

9.3 地形図の表現

9.3.1 地形図の一般的な表現方法

地形の表現はほとんどの図面において等高線とそれを補う記号で表されている．

国土地理院発行の国土基本図，地形図は等高線式表現法が使用され，20万分の1地勢図では等高線とぼかしが併用されている．この他に，けば式表現法，彩

段法，混合法などがある．代表的な地形図の表現方法は以下のとおりである．
1）ぼかし法，2）けば法，3）等高線法，4）彩段法

9.3.2 感性を考慮した新しい表現方法

コンピュータの発達に伴って，コンピュータの作る地図が注目されるようになった．従来のアナログ（紙）地図を忠実に表現したデジタル地図も多数出現しているが，地図の仕様としてはこれまでのアナログ地図と大差はない．

近年，感性を考慮した新しい地図表現の試みがなされるようになった．これは従来の地図規制にとらわれることなく，マルチメディアを活用した美しくて機能する地図を表現しようとしたものである．図 9.5，9.6 は感性を考慮した新しい表現方法を取り入れた一例である．

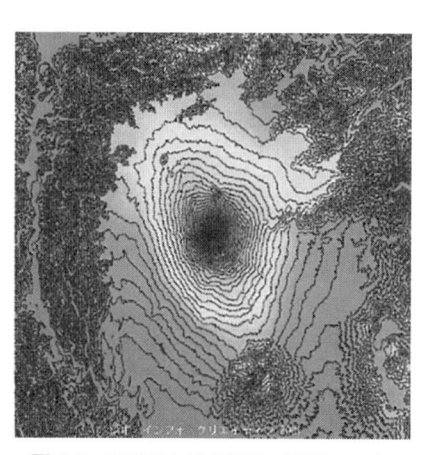

図 9.5 彩段付き等高線図（小野，田中，村井，2001）

図 9.6 静かな感じの市街地図（小野，田中，村井，2001）

9.4 数値地図の特徴

コンピュータの低廉化および一般化に伴い，デジタルマッピングにより作成された数値データや衛星画像データ，デジタルカメラのデータなどが地形データの作成および評価に利用されるようになった．

9.4.1 数値地図および地理情報ソフトウエアの作成機関

国土地理院，公的機関，民間によって作成される数値地図データは数十種類に

も上りさらに増えている．また，これらの数値データを閲覧あるいは解析するソフトウエアは主に民間企業によって開発され市販されている．

9.4.2 数値地図のメリット・デメリット

数値地図は広範な領域の地形データがルールに従って均一に作成されているため利用しやすいというメリットがある反面，ユーザーが必要とするデータが記述されないなどのデメリットがある．以下に，数値地図のもつ一般的なメリット・デメリットについて列記する．

① 広範なデータが均一な条件で入手できる．
② 地形データをデジタル化する経費が削減できる．
③ 重ね合わせ表示などの作業が簡単にできる．
④ 必要な情報のみを抽出することができる．
⑤ ユーザー側の地図更新作業が容易にできる．
⑥ ユーザーが必要とする主題データが含まれていない．
⑦ 更新サイクルが長い．
⑧ 高い精度を必要とするような大縮尺のデータがない．

9.4.3 基　　図

数値地図の利点の1つに，各分野で共通して利用できる項目を集めて作成した基図（ベースマップ）上に各分野で特徴的なデータ（主題データ）を重ねて利用できることがある．基図を利用することにより，経費の削減やデータの共有ができるという利点もある．基図の項目（レイヤー）として利用されるものには地形図に記述されている要素が多く含まれている．基図項目の標準仕様例の一部を以下に示す．

① 境界（都府県界，市町村界，町庁界）
② 道路（真幅道路，徒歩道，敷地内道路，トンネル内道路，他略）
③ 道路施設（橋，立体交差部，高架部，他略）
④ 鉄道（鉄道，他略）
⑤ 建物（普通建物，堅牢建物，普通無壁舎，堅牢無壁舎）
⑥ 水部（水涯線，用水路）
⑦ 水部に関する構造物（防波堤，ダム）

⑧ 法面（人工斜面，土堤，被覆，コンクリート被覆，他略）
⑨ 構囲（構囲，落下防止柵，防護柵，遮蔽柵，他略）
⑩ 植生（植生，耕地界）
⑪ 等高線（等高線）
⑫ 基準点（三角点，水準点，独立標高点）
⑬ 注記（注記）

9.4.4 数値地図 2500（空間データ基盤）

国土地理院が全国を対象として整備している基図に相当する数値地形図としては数値地図 2500（空間データ基盤）がある．以下に主な構成要素を示す．

① 行政区域（海岸線　町丁目単位のポリゴン）
② 街区（ポリゴンとして認識し，住居表示と対応）
③ 建物ラスタ（大都市圏中心地域のみ，ラスタ画像で収録）
④ 道路線（ネットワーク構造）
⑤ 直轄国道（道路中心線（ネットワーク），歩道・車道境界線）
⑥ 直轄河川（河川区域はポリゴン，河川中心線はベクトル）
⑦ 鉄道・駅（鉄道はベクトル，駅は点情報）
⑧ 内水面・場地（内水面，鉄道敷，都市公園，飛行場等をポリゴンとして認識）
⑨ 建物（公共建物のポリゴン）
⑩ 基準点（一等三角点から四等三角点までの点情報）

9.5 DEM の利用

アナログ地図（紙）と数値地図の大きな違いの1つに3次元の表現がある．3次元データを使用することによって，体積の計算，傾斜の計算，日照の解析などができる．ここでは3次元の表現に用いられるいくつかの手法について述べる．

1) DEM　地表面の x, y 座標に対して z の値が与えられたデータ（例えば国土地理院発行の数値地図 50 m メッシュ標高など）を数値標高モデル（digital elevation model）DEM と呼んでいる．DEM を用いることによってダムの適地選定，横断面図の作成，斜面傾斜の算出（図 9.13 参照）などに広く利用されている．一般的な DEM は格子状に配列された点の標高データであるため，複雑な

(a) 等高線　　　　　　(b) TIN

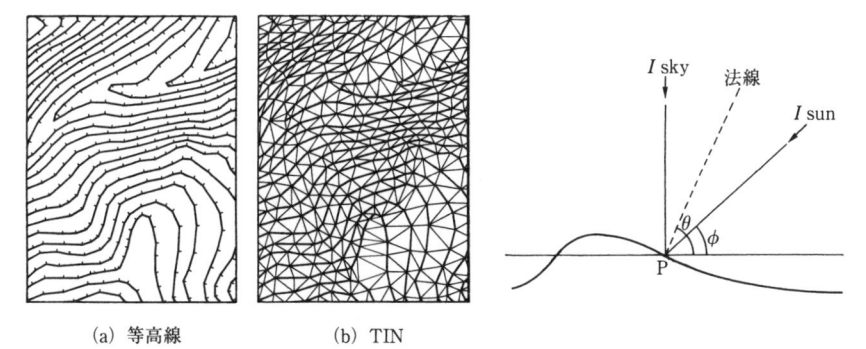

図 9.7　従来の等高線表示と TIN を利用した等高線の表示（秋山, 1999）

図 9.8　陰影モデル（秋山, 1999）

地形では精度の低下がある．

2) **TIN**　三角形を最小単位としたネットワーク（triangulated irregular network）TIN は地形を不規則な三角形で近似するもので，DEM の欠点を軽減することのできる標高モデルである．一般の等高線と TIN を利用した等高線について図 9.7 に示す（秋山 1999）．

3) **陰影処理**　3 次元データに地形に応じた陰影（シェーディング）をつけることによって，より現実的な表現が可能となる．陰影モデルとしては図 9.8（秋山, 1999）のような単純なモデルを考えることが多く，実世界での複雑な地形や光の散乱，屈折などを考慮することはできない．

4) **陰線処理**　斜め方向から地上を見る場合，手前の地形に隠れて見えない部分が生じる．このような部分を隠して，その視点からは見えないようにしなければならない．このような処置を陰線処理という．

① 塗りつぶし法：視点の遠い方から順番に表示する方法．これによって順次上書きされて，手前の方が高い位置にあるような場合には，奥の方（遠い方）が重ね書きされて消えることになる．DEM データのように規則的に並んだデータ

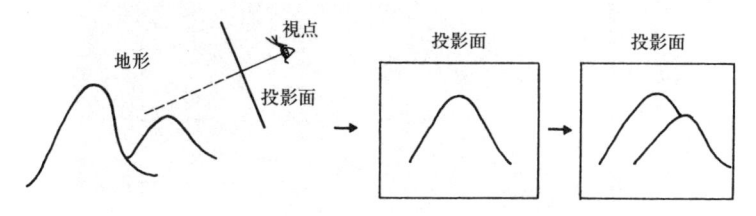

図 9.9　塗りつぶし法（高木, 下田, 1991）

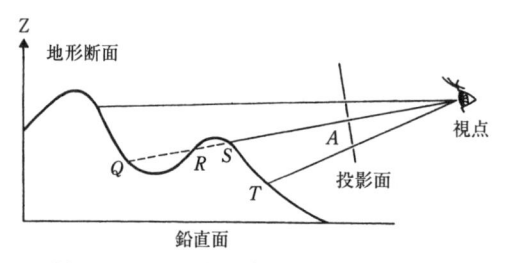

図 9.10 距離判定法(高木,下田,1991)

の場合に使用しやすい.図9.9参照.

② 距離判定法：投影面上の各画素について，視点からの距離の大小によって表示を書き換えるかどうかを判断する方法.このためには各画素に対する視点からの距離(Z)を格納するバッファをつくる必要があることからZバッファ法とも呼ばれる.図9.10参照.

③ レイトレーシング法：近年のCG(コンピュータグラフィックス)技術の進歩により，これを応用した方法としてレイトレーシング法がある.これは,視点から視線方向に逆にたどり物体面との交点を発見する方法.

9.6 数値地図を利用した地形表現

アナログ地図(紙地図)では地形をうまく表現することは困難であり，複数の地図を重ねて判読することはできなかった.また，アナログ地図では属性データを多くのせるほど煩雑になり判読が難しくなる.しかし，数値地図を利用することによって多彩な地形の表現を行うことができる.9.5節で述べた標高データを利用した地形表現について示す.

1) 標高の表現 図9.11は標高データを階層的に区切って各々の高度に濃

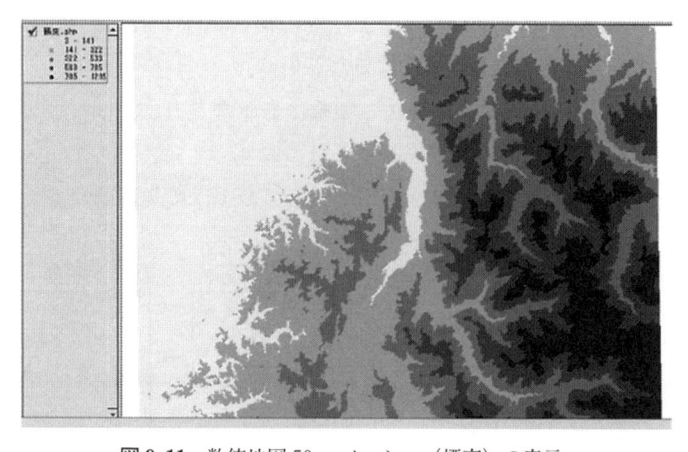

図9.11 数値地図50mメッシュ(標高)の表示

淡をつけて表現したものである．これによって彩段法に近い表現でさらに詳細な高低の識別が可能となる．

2) **傾斜方向の表現**　図9.12は標高データを利用して傾斜方向を表現したものである．図面の濃淡の違いは標高ではなく地形の傾斜方向を示している．これにより，特定の方向を向いた斜面のみを抽出できる．

図9.12　傾斜方向の表示

3) **傾斜角の表現**　図9.13は標高データを利用して傾斜角の大きさを表現したものである．図面の濃淡は標高ではなく地形の傾斜角度を示している．図で

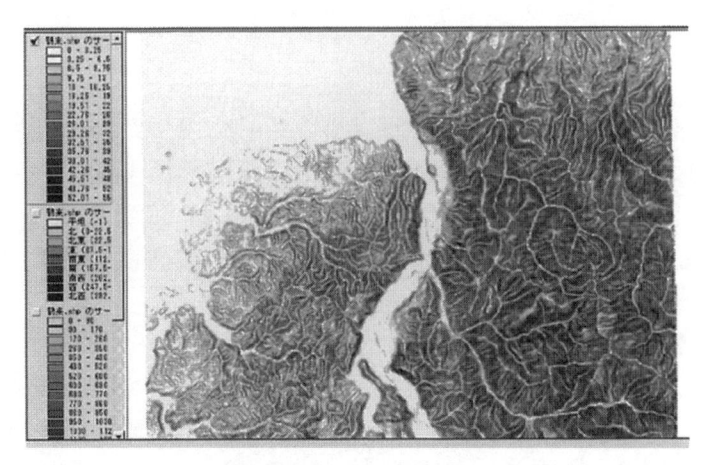

図9.13　傾斜角度の表示

は色が濃くなるほど急傾斜であることを示している．最大の傾斜角を追跡することによって雨水の流下方向の推定や流域を求めることに利用できる．

4) 等高線の表現　図9.14は標高データを利用して等高線を描いたものである．国土交通省公共測量作業規程では等高線の間隔が規定されているが，数値地図データを用いることによって目的に応じた等高線間隔を自由に設定することができる．また，等勾配線を追跡することによって道路，鉄道，用水路などの通過位置を求めることができる．

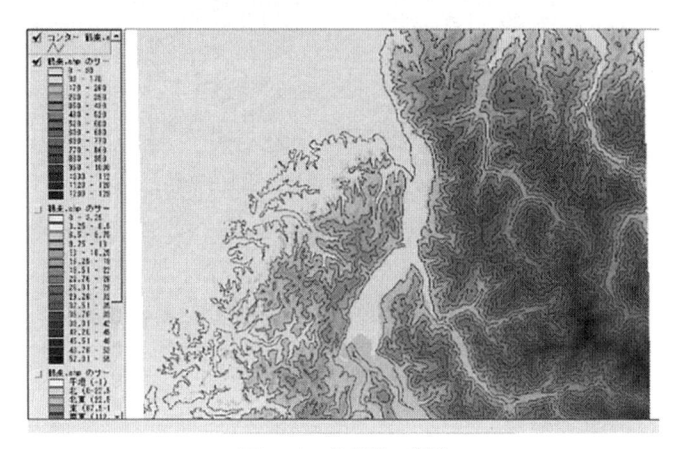

図9.14　等高線の表示

9.7　GIS の 利 用

9.7.1　GIS の 利 用

GIS は公共企業体，民間，個人などあらゆる方面で利用できる技術である．ここではとくに公共企業体に関連して利用できる分野について取り挙げる．

① 河川 GIS：河川に関わる情報の多くは地形図がもつ情報であり，位置に関する情報，いわゆる空間データである．これらのデータを効率的に管理するには GIS の有効利用が考えられる．

② 地震防災 GIS：地震災害の予防および災害発生後の対策に GIS は有効である．阪神淡路大震災の発生直後に GIS が威力を発揮し，その後 GIS が災害対策に有力なツールであることが証明された．地震災害には，地形，地盤状況，人口，建物構造，防災施設などを総合的に管理，検索できることが必要であり

GISの効果が期待できる．

③ 地籍GIS：地籍調査結果は一筆ごとの所有者，地番，地目，境界，面積などが大縮尺の図面に高精度に記載されたデータであり，電子化も進んでいる．これらのデータは各種の行政主題図を載せるための基図（ベースマップ）として活用できると考えられる．

④ 環境GIS：地球規模あるいは地域規模で調査されている環境に関連するデータを管理し提供するために利用されている．貴重種の動植物の分布，騒音規制マップなど多用な環境調査結果の管理・分析に利用されている．

⑤ 土地利用GIS：土地利用の分野はGIS利用に関して古い歴史をもつものである．1974年に整備が始まった国土数値情報は日本全国をほぼ1kmのメッシュに区切り，地形，地質，土地利用など広範な国土データを集積したものである．現在においても土地利用に対するGISの利用は多く，高解像度衛星画像との供用によりさらに利用価値の高いものとなっている．

⑥ 主に地方自治体の業務：上記①～⑤の他に地方自治体などが取り組む業務として，道路維持管理，都市計画業務支援，上下水道・ガス業務支援，固定資産業務支援などがある．

9.7.2 地形図と数値地図の重ね合わせ

地形図（ラスタ画像），標高データ（DEM）あるいは衛星画像などを重ね合わせて利用することによって，紙地図のみでは不可能であった地形図の判読ができ

図9.15 数値地形図と衛星画像の重ね合わせ

るようになる．異なる座標系をもつ数値地形図および画像等を重ね合わせる場合には，座標系を統一しなければならない．図9.15は，衛星画像，地形図（ラスタ画像），地形図（ベクトルデータ）および標高データ（DEM）の座標系を統一し，重ね合わせて表示したものである．

【例題9.1】 ベクターデータとラスターデータの特徴（利点，欠点）を，精度，データ容量，データ解析，プログラム開発，可視化，検索，更新，データ費用について述べよ．

【解】 ラスターデータはメッシュによる画素表現，ベクターデータは座標によるベクトル表現であることから，特徴を利点・欠点としてまとめると以下のようになる．

	ベクターデータ	ラスターデータ
精　度	高い（拡大しても精度は劣化しない）	低い（ただし解像度により異なる）
データ容量	少ないデータ量で詳細を表現可能	膨大なデータを必要とする
データ解析	構造化が可能で複雑な解析可能	限られた解析に限定
プログラム開発	高度なプログラミングが必要	あまり高度なプログラミングは必要としない
可視化	抽象化した表現になる	現実に近い状態で表示可能
検　索	短時間による検索可能	検索に時間がかかる
更　新	局所的な更新が可能	局所的な更新は困難
データ費用	高　価	安　価

【例題9.2】 読者の居住地近傍あるいは日本国内の適当な緯度・経度を用いて標準地域メッシュコードを求めてみよう．

【解】 9.2節および図9.4を参照して各自で求めてみること．
　例えば，各市町村の重心座標一覧（国土地理院発行，平成9年度版　日本の市区町村位置情報要覧）から石川県の重心は北緯36度45分57秒，東経136度46分17秒であり，1次メッシュコードおよび2次メッシュコードは553616となる．

10. 写真測量

ポイント 写真測量とは，写真を利用して様々な測定，調査を行うものである．写真から地形図を作成することが写真測量の主体であるが，写真により地質や森林に関する情報など，被写体の性質を読み取ることも写真測量に含まれる．近年，写真測量の測量全体における比重は非常に増し，現在では地形図，主題図を含むほとんどの地図が空中写真を使用して作成されている．また，コンピュータなどのエレクトロニクス技術の導入により，写真測量機器および図化機の自動化，システム化が進んでいる．

10.1 概　　要

10.1.1 写真測量の種類

　写真測量は，その測量対象，目的，方法などによって1) 地上写真測量，2) 空中写真測量，3) 宇宙写真測量に分けられ，この他に海底・海洋，湖底の状態を測量する水中写真測量もある．写真測量の主な長所は，表10.1に示すものである．

1) 地上写真測量　地上で水平に測量対象を写真撮影し，得られた写真を利用して測量や調査・解析を行うものである．高山の高さ測量，遺跡調査，交通量調査，交通事故調査などで用いられている．

2) 空中写真測量　航空機を用いて空中から地上を写真撮影し，得られた写真を利用して測量や調査・解析を行うものである．一般に写真測量とは空中写真測量のことを指す．

3) 宇宙写真測量　宇宙空間から人工衛星や宇宙船などによって，地球，さらには他の天体の地表（場合によっては大気層の上面）を写真撮影し，得られた写真を利用して測量や調査・解析を行うものである．宇宙探査・開発に欠かせな

表 10.1 写真測量の長所

長所	内容
精度の均一性	測量範囲内でほとんど均一で高い精度が得られる．
測量条件の影響度	写真撮影以外の工程は，天候などの条件に左右されず，地形や交通事情にも影響されない．
高作業効率	平板測量に比べ数倍以上の作業効率をもつ．
測量の同時性	写真撮影時間内で距離・方向・高さの3要素を同時に測量できるため，作業期間中の経年変化などに煩わされない．
記録の正確性	ありのまま正確に記録され，誤測，測量漏れがない．
情報量の多さ	距離・方向・高さという量的なもののみでなく，対象物の種別や性質等の質的な情報も得ることができる．
時間的変動への対応性	流水（氷）や地すべり，変形など時間的に変化する対象物の測量が可能である．
広範囲性，間接的測量	災害地，山岳地帯，火山地帯，対象地域への交通手段のない地域などで，直接，その地域へ行かなくても間接的に測量ができる．
測量結果の保存の容易性	膨大な図書類を保存しなくても，撮影したフィルムを保存管理すればよい．資料の損傷や変質の危険性も少ない．
測量結果の立体性	実体視により測量対象を立体的に把握することができる．

い技術であり，近年急速な進歩を遂げている．また，衛星などによる地上の詳細な写真撮影も可能となっている．

10.1.2 写真測量の応用分野

1) 土地の分類調査　土地を何らかの基準により分類する場合に，写真測量を用いるものである．写真測量では直接的に土地の各種情報を面的に連続して得ることが可能なため，①地形分類調査，②地質分類調査，③土地利用分類調査のような分類調査に用いられる．

① 地形分類調査　わが国の地形分類は，基本的に地形の形態，形成営力（その地形を形成させた外力），形成時期，構成物質の4つの要素の組合せにより行われている．写真測量では直接的に形態を把捉でき，他の3要素は間接的に形態の連続性などから推測できる．分類された地形情報は，国土開発計画や土地利用計画，防災調査・計画，環境調査などの基礎資料として用いられる．

② 地質分類調査　わが国のように地表面が植生や土壌に被覆されている地域では，写真測量は直接的な地質の調査手段とはなりえない．しかし，地質と地形との関係に関する知見が得られている場合には，地形から地質を推定できる．

③ 土地利用分類調査　景観的にわかる土地の利用状況を空中写真により判読し，土地利用分類を作成する．カラー写真が適する．

2) **災害調査** 災害調査に関係した写真測量は，①崩壊，②土石流，③地すべり，④落石，⑤なだれ，⑥水害，⑦海岸侵食，⑧火山活動，⑨地震災害のような災害の発生状況の把握や発生危険性の高い地域の抽出，災害防止対策の選択などを行うために用いられる．

3) **環境調査** 現地での環境調査に要する時間と労力は膨大である．空中写真を用いれば，短時間に面的に広い地域の環境調査を同一精度で実施できる．

空中写真を用いた地表面の環境調査には，①植生調査，②林相調査がある．また，通常の写真ではなく，赤外カラー写真やマルチバンド写真などを用いると，樹木の活力度調査や地熱調査も行える．

景観設計のために，地上写真上に計画している建設物をフォトモンタージュで合成して景観を評価する方法も写真測量の一種といえる．

空中写真による水域環境の調査では表層の状況しか判読できないが，赤潮の発生状況や濁水，油などの広がり状況は調査でき，水塊や潮目などを知ることもできる．さらに，赤外線画像やマルチスペクトル画像などの手段により海面温度やプランクトン密度なども知ることができる．

4) **遺跡・文化財調査** 空中写真により発掘された遺跡や文化財，さらには地中に隠された遺跡を調査するものである．南米アンデス山脈中のインカの遺跡はその代表的なものである．地中に埋もれた遺跡は，わずかな含水量の相違による色調差や植物の生育度の差，わずかな起伏により発見することができる．最近では，ヘリコプターや気球を利用した超大縮尺写真が，遺跡の精密調査に利用されている．

5) **都市環境調査** 都市がもつ固有の環境情報を知ることは，都市の管理や環境の把握，計画の立案を行うために重要である．このためには，多くの現地調査が必要となるが，写真測量を行うことで，これを軽減できる．また，都市のもつ環境情報を迅速かつ正確に把握し，その視覚化を行うのに写真測量は役立つ．

例えば，空中写真により，車種別の交通量（走行車，停止車，駐車）やある建物の背後にある建物の日照時間やその損失量調査が行える．

以上の写真測量の応用分野とその応用内容をまとめて表 10.2 に示す．

表10.2 写真測量の応用分野

応用分野	主な応用内容
土地の分類調査	①地形分類調査 ②地質分類調査 ③土地利用分類調査
災害調査	①崩壊 ②土石流 ③地すべり ④落石 ⑤なだれ 〉の調査 ⑥水害 ⑦海岸侵食 ⑧火山活動 ⑨地震災害
環境調査	a）地表面 ①植生調査 ②林相調査 ③樹木の活力度調査 ④地熱調査 ⑤フォトモンタージュによる景観評価 b）水面 ①赤潮発生状況調査 ②濁水拡散調査 ③油などの拡散調査 ④水塊，潮目などの調査 ⑤海面温度調査 ⑥プランクトン密度調査 ⑦潮流流速調査
遺跡・文化財調査	①発掘遺跡などの調査 ②地中遺跡などの調査 ③遺跡などの精密調査
都市環境調査	①交通量調査 ②排ガス量調査 ③日照調査 ④都市情報調査 ⑤道路台帳

10.2 空中写真測量の基礎

10.2.1 写真の性質

カメラである物の写真を撮影する場合，図10.1に示すように被写体から出た光はレンズの中心Oを透過してフィルム面上に像を結ぶ．このように写真は被

10.2 空中写真測量の基礎

写体からの光が中心Oで絞られ，その後Oを中心としてフィルムに像が投影されるのが特徴である．これが中心投影である．写真の特徴は次のものである．

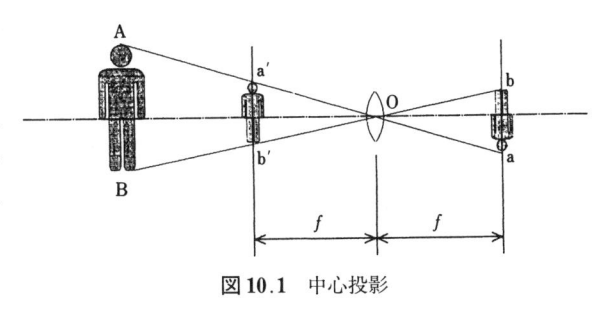

図10.1 中心投影

① フィルム面に投影された像は上下左右が反対になる．
② 撮影中心点より離れた位置にある高い被写体は，写真の外側に倒れたように写る（図10.2）．
③ 画像の大きさは被写体までの距離によって異なり，近距離のものは大きく，遠距離のものは小さく写る．

10.2.2 中心投影の性質

中心投影像では，写真測量にとってきわめて重要な点として，主点，鉛直点，等角点がある（図10.3参照）．

1) 主点　カメラの光軸がフィルム面と垂直に交わった点で，写真画面の中心点である．フィルム面上ではp，地表面でPで表される．

2) 鉛直点　レンズの中心Oを通る鉛直線がフィルム面および地表面と交わる点であり，フィルム面上ではn，地表面ではNで表される．フィルム面が

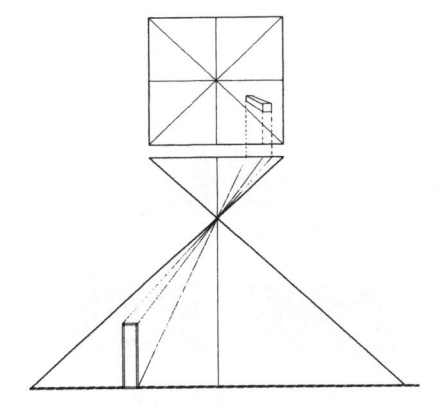

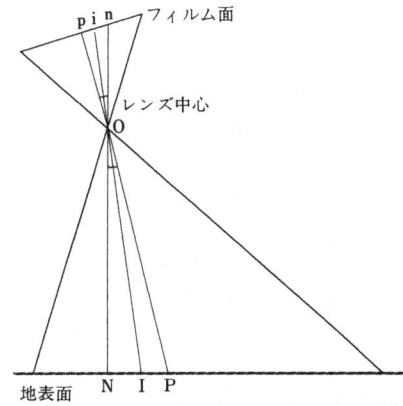

図10.2 写真の性質（中心投影）　　図10.3 中心投影の性質（主点，鉛直点，等角点）

完全に水平であれば鉛直点は主点と一致する．

地表の起伏・高低による像のずれは，鉛直点からの放射線上に生じる．

3) **等角点**　等角点（アイソセンター）は，角 nOp を 2 等分する線がフィルム面および地表面を貫く点 i および I のことである．

フィルム面の傾き（カメラの傾き）による像のずれは，等角点からの放射線上に生じる．

10.2.3　実　体　視

日常的に対象物を見るとき，その遠近や奥行きを直感的に感じている．これは両眼で対象物を見ることにより，遠近感や立体感を得ているからである．この対象物を実体感をもって見ることを実体視という．

人の目は両眼が約 6～7 cm 離れており（これを眼基線という；通常 65 mm の値をとる），これにより同じものを見ても，左右の眼に入ってくる角度は異なる（図 10.4）．この角度の差を収束角という．収束角が小さいものは遠方にあるように感じ，大きなものは近くにあるように感じる．普通，遠近差を見分けることができる限界の収束角は 10～25 秒程度であり，距離にして 500～1,300 m 程度である．

写真測量は，左右の眼の代わりに異なる位置からオーバーラップ撮影した 2 枚の写真を，光学的に重ね合わせることにより実体視するものである．2 枚 1 組の写真のうち 1 枚を右の眼，もう 1 枚を左の眼で見ることで，あたかも対象となるものを直接見ている印象を受けることができる．これが実体視で，実体鏡を用い

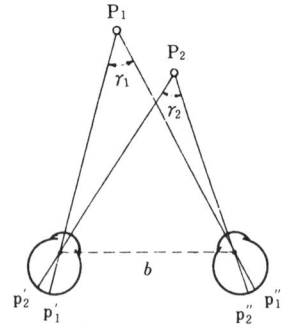

図 10.4　網膜上の像と実体感
　　　　γ：収束角

図 10.5　反射式実体鏡

れば簡単に実体視が行える．反射式実体鏡の一例を図10.5に示す．

10.2.4 視　　差

ある点を見た場合，左右の眼ではその点の見える位置がずれてくる．同様に，図10.6のようにO_1とO_2でオーバーラップして撮影した1組の空中写真においても，同一点でも写真上に写った位置は，写真の撮影基線方向にずれを生じる（山頂A点の写真②上でのずれ$=a_1'-a_2=p_a$，谷底B点のずれ$=b_1'-b_2=p_b$）．このずれのことを横視差または単に視差といい，この撮影基線方向と直角方向

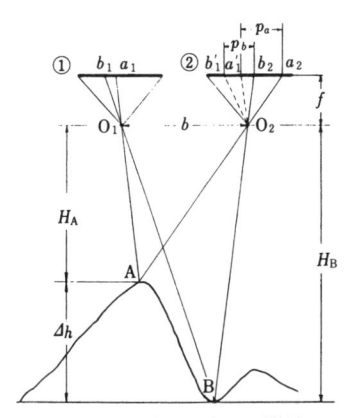

図10.6　視差と標高との関係
p_a, p_b：視差
$\Delta p = p_a - p_b$：視差差
b：基線長

のずれを縦視差という．横視差は写真を実体視するためになくてはならない必要条件である．もし撮影した写真に縦視差があると，写真内の像が全体的に重ならなくなり，実体視できない．

なお，実体写真を撮影した2点を結ぶ線分を基線，その長さを基線長という．
横視差は次のことを知らせるものである．
① 撮影点からある点までの鉛直距離は，視差の大きさに反比例する．
② 視差を測ることで標高を知ることができる．
③ 2点間の標高差は視差の差に比例する．
④ 視差の等しい点は標高が等しい．

図10.6において$\triangle AO_1O_2$と$\triangle O_2a_1'a_2$，$\triangle BO_1O_2$と$\triangle O_2b_1'b_2$とはそれぞれ相似であるため，次式が成り立つ．

$$\frac{p_a}{b}=\frac{f}{H_A}, \quad \frac{p_b}{b}=\frac{f}{H_B}$$

これより，撮影基線よりA，B点までの距離H_A，H_Bはそれぞれ，

$$H_A=\frac{bf}{p_a}, \quad H_B=\frac{bf}{p_b}$$

となる．したがって，A点とB点の標高差Δhは次式で求められる．

$$\Delta h = H_B - H_A = b \times f \left(\frac{1}{p_a}-\frac{1}{p_b}\right)$$

p_a と p_b との視差の差（視差差）を Δp とすると,

$$\Delta p = p_a - p_b = \frac{bf}{H_A} - \frac{bf}{H_B}$$

$$= \frac{b \times f(H_B - H_A)}{H_A H_B} = \frac{bf \Delta h}{H_A H_B}$$

これより，標高差 Δh は次式でも求められる．

$$\Delta h = \frac{H_A H_B}{bf} \Delta p$$

Δh が H_A, H_B に比較して小さい場合には，$H_A = H_B = H$（H：撮影高度）とできる．

$$\Delta h = \frac{H^2}{bf} \Delta p$$

いま，写真の縮尺の分母数を $m_b(=H/f)$ とし，写真上の撮影基線長を b' ($=b/m_b$) とすると，上式は次のようにも表せる．

$$\Delta h = \frac{H}{b/m_b} \Delta p = \frac{H}{b'} \Delta p$$

10.2.5 標　　定

2枚1組のオーバーラップした空中写真から撮影位置を決めることを標定という．

標定において，2枚の写真の相互位置を決めることを相互標定，その後にこの2枚1組の写真の空間的位置決めを行うことを対地標定または絶対標定という．

相互標定では1組の空中写真の相対的な傾きの関係を正しくするため，左右の写真の対応する点から出た光がすべて交わるように写真の相互位置を決める．通常は5組の点からの光がすべて交わるようにして位置決めをする．

対地標定では，最小限3つの標定点を用いて，縮尺の修正・水準面の修正（傾斜の修正）・位置および方向の修正を行って，地上との位置関係を決定する．

10.2.6 過　高　感

空中写真を実体視すると，実際よりも山が険しく，谷が深く見える．これは高さ（奥行き）が実際よりも誇張されるためで，この現象を過高感という．これは肉眼で実体視する場合は人の眼の間隔（眼基線）が普通65 mmであるのに対し

て，実体空中写真では数百m以上も離れて撮影しているため，収束角が大きいためである．

撮影基線が眼基線のn倍のときでの空中写真は，肉眼で$1/n$の実物模型を観測したことと，あるいは$1/n$の距離で見た場合と同じことになる．これにより高さ方向にn倍の過高感が得られる．

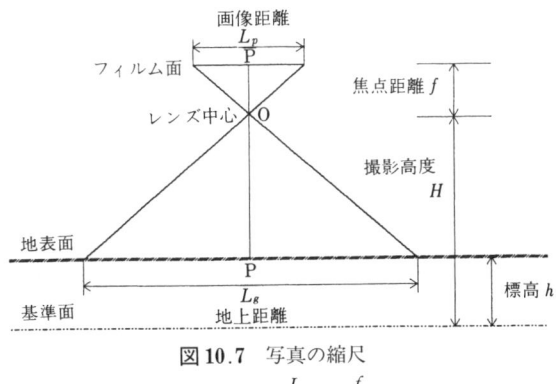

図10.7 写真の縮尺

写真縮尺 $M_b = \dfrac{L_p}{L_g} = \dfrac{f}{H-h}$

一般にはさらにカメラのレンズによりv倍に拡大して見ているので，両者を合わせてnv倍の過高感を得ることになる．

10.2.7 写真の縮尺

図10.7に示すようなカメラの光軸が鉛直方向である写真の縮尺は，地上の物体の水平長さと対応する写真像での物体の長さとの比である．これは地面から撮影点までの距離（対地高度：$H-h$）とカメラの画面距離（＝カメラの焦点距離：f）の比でもある．

一般に地表面は起伏があり，どこを基準に対地高度を定めるかによって縮尺が異なってくる．このため，写真測量では基準となる面（基準面）をあらかじめ定め，これによって写真縮尺を決める．表10.3に，わが国の空中写真の縮尺の代表的な区分を示す．

表10.3 空中写真の縮尺区分の例

縮尺区分	縮尺の範囲	撮影方法
超大縮尺	1/100～ 1/500	ヘリコプター，気球など
大縮尺	1/600～ 1/2,000	航空機
中縮尺	1/5,000～1/10,000	
標準縮尺	1/10,000～1/20,000	
小縮尺	1/30,000～	

10.3 空中写真の撮影

10.3.1 空中写真測量器材

1) 空中写真撮影用カメラ　空中写真撮影用カメラは次の使用条件に耐えうるものが必要である．

① 高速運動・振動・低温下での撮影
② 規定のオーバーラップになるような連続撮影
③ ほぼ無限遠とみなせる被写体の撮影
④ 高空の狭い機内での操作

空中写真撮影用のレーザ装置本体と装置本体正面図を図10.8に示す．ドイツ・カールツァイス社のRMKAシリーズ，スイス・ウイルド社のRCシリーズが代表的である．写真の画面サイズは23 cm×23 cmのものが普通で，18 cm×18 cmのものもある．フィルム長はドイツ・カールツァイス社のRMKAシリーズでは120 m，スイス・ウイルド社のRCシリーズシャッターでは60 mが使われている．シャッターはレンズシャッターで，シャッター速度は1/1,000秒のものが多い．重量は80～100 kg程度である．カメラは図に示すようにレンズを支える防振のカメラマウント（共鳴現象も防ぐ），ドライブユニットを備えたフィルムカセット，およびナビゲータやカメラマンがナビゲーションを行うためのシステムなどから構成されている．

空中写真測量で超大縮尺図（縮尺1/250～1/1,000）を作成するためには，低空を飛ぶ航空機での撮影が必要であり，対地速度が大きくなることによる写真のボケが問題となる．このボケ防止のために開発されたのがFMC（forward motion compensation）カメラである．

2) 空中写真撮影用の航空機　空中写真測量では，一般に航空機が使用される．狭い範囲の測量ではヘリコプターが，地域的な測量では気球やラジコンなども用いられる．

空中写真撮影用の航空機は，①安定性が高い，②視界が広い，③定速で航続距離が長い，④作業が行いやすいように機内空間が広い，⑤写真撮影用の重量器材が搭載可能，という条件を備える必要がある．このため，一般的に空中写真撮影用の航空機として，主翼が胴体の上にあるプロペラ機が用いられている．図10.9に代表的な撮影用航空機であるセスナ機を示す．

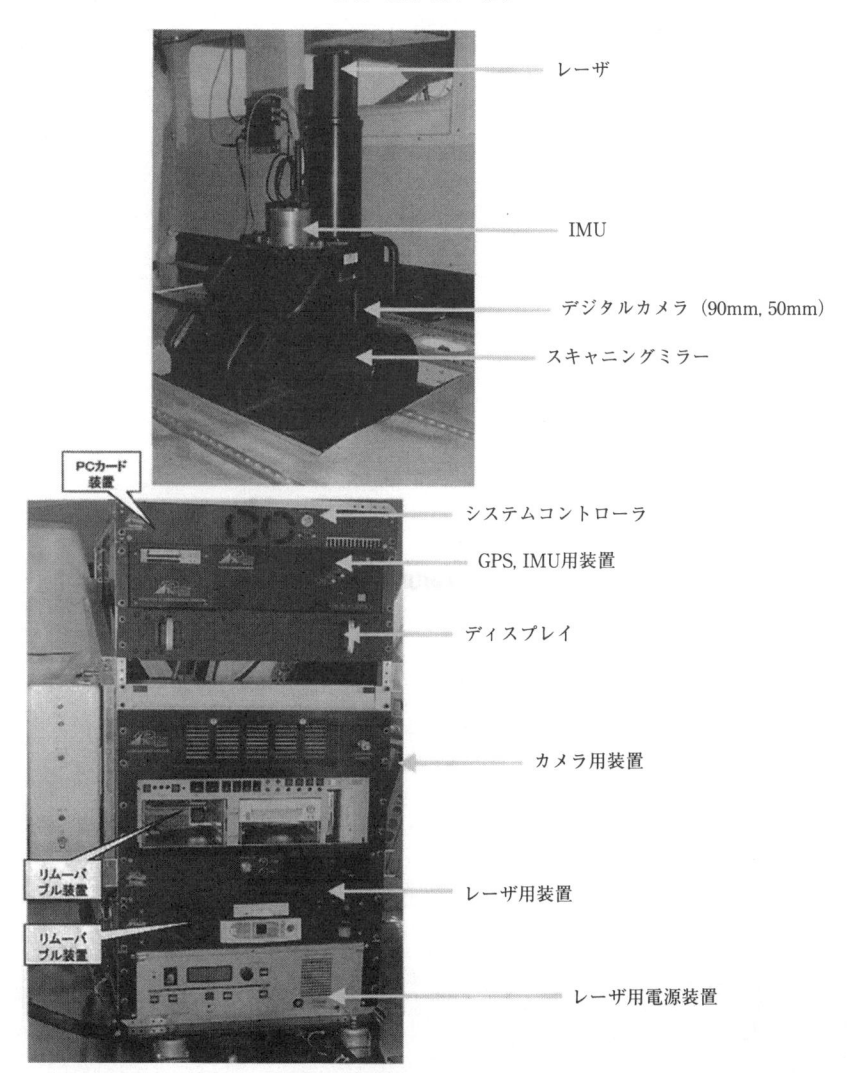

図 10.8 レーザ装置本体と装置本体正面図

10.3.2 空中写真測量の工程

空中写真測量の工程の一例を図 10.10 に示す.

1) **計画・準備** 空中写真測量全体の工程計画（①測量の目的，②測量区域，③所要精度，④図化縮尺，⑤等高線間隔，⑥基準点の配置，⑦撮影器材，⑧

使用航空機,⑨撮影高度,⑩撮影コース,⑪飛行場の位置,⑫図化機材,⑬図化解析作業方法)を立案し,必要に応じて各種の準備を行う.工程を最も能率的,経済的に行うためには,綿密な計画と周到な用意をしておくことが必要である.

得ようとする地図縮尺 M_k ($=1/m_k$)と,撮影しようとする写真縮尺 M_b ($=1/m_b$)との間には,次の関係がある.

$$m_b = 250\sqrt{m_k}$$

公共測量規定では,図化縮尺と写真縮尺の関係を表10.4のように定めている.これは,写真縮尺が小さいものを拡大して大縮尺の地図とすると,写真の粒子が粗くなって,細かい部分が不明瞭となり,図化が困難になるためである.

対地撮影高度 H と最小等高線間隔 Δh とはほぼ比例関係にあり,次式で表せる.

図10.9 撮影用航空機
名　　称:セスナ 208(キャラバン)
製造会社:セスナ.エアクラフトカンパニー㈱
発動機:P&WC, PT 6 A-114 XI
プロペラ:ハーツエル HC-B 3 MN 3/M 10083;油圧定速複合材 3 枚羽根機
寸　　度:全幅 15.88 m,全長 11.46 m,全高 4.32 m,水平尾翼幅 6.25 m,ホイール・トラック 3.56 m,ホイール・ベース 3.54 m
面　　積:主翼 25.96 m²,補助翼 1.55 m²,フラップ 4.90 m²,水平安定板 6.61 m²

表10.4 図化縮尺と写真縮尺の関係

図化縮尺 M_k	写真縮尺 M_b
1/500	1/3,000～ 1/4,000
1/1,000	1/6,000～ 1/8,000
1/2,500	1/10,000～1/12,500
1/5,000	1/20,000～1/25,000
1/10,000	1/30,000

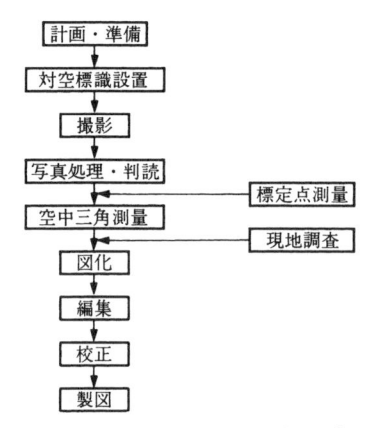

図10.10 空中写真測量フローチャート

$$H = C \cdot \Delta h$$

ここで，C は図化ファクターであり，一般の精密図化機では 1,000～2,000 程度である．これにより，所要の等高線を描く地図において用いる図化機のファクター値から撮影高度が定まってくる．

2) 対空標識の設置　空中写真を図化する際には，対地標定が必要で，そのためには写真上の何点かの測地座標が与えられていることが必要である．この座標は空中三角測量によって決定できるが，空中三角測量を行うには写真上のいくつかの点の座標値が定まっている必要がある．これが標定点である．

標定点としては，①三角点（座標位置が明確），②水準点（標高が明確）などがあるが，その位置を空中写真で明瞭に確認できるようにするには，標定点に標識を設置し，空中写真にこれを写し込む．

このため，撮影に先立って対空標識を設置する必要がある．通常は地表に杭を打ち，十字形に組んだ板に白ペンキを塗ったものが用いられる（図 10.11，表 10.5）．

なお，対空標識を設置する代わりに，地上の物体で空中写真で明瞭に識別でき

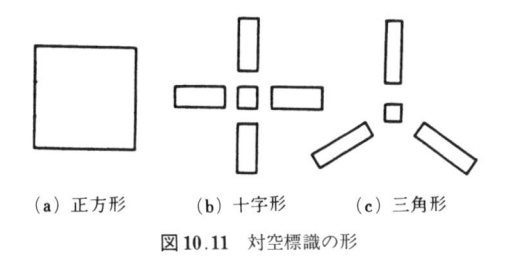

(a) 正方形　　(b) 十字形　　(c) 三角形

図 10.11　対空標識の形

表 10.5　対空標識（1 枚）の大きさ

写真縮尺	対空標識の型	
	(a) 型 (cm)	(b), (c) 型 (cm)
1/3,000	20×20	20×10
1/5,000	25×25	25×10
1/10,000	45×45	45×15
1/20,000	90×90	90×30

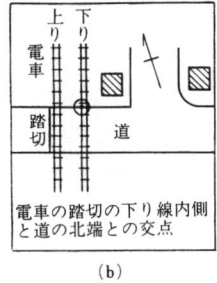

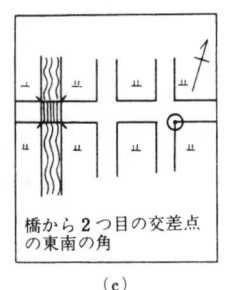

(a) 黒と白の畑の境界

(b) 電車の踏切の下り線内側と道の北端との交点

(c) 橋から 2 つ目の交差点の東南の角

図 10.12　標定点の見取図

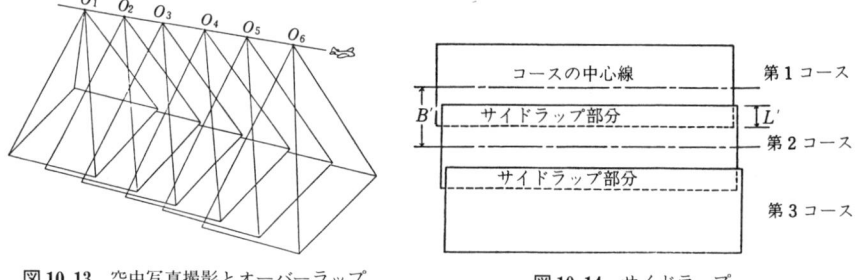

図10.13 空中写真撮影とオーバーラップ　　　　　　**図10.14** サイドラップ

るもの（交差点，建物の角など．図10.12）を選び，その点に細い針で小さな穴をあけて位置を示すこともある．これを刺針という．

3) 撮　影　　得ようとする地図の必要とする精度や写真の重複度，作業方法，使用機器の種類，飛行機の性能，撮影コース，天候などの気象条件などを考慮して撮影を行う．

撮影を行うときには，図10.13に示すように地表面を重複して撮影しなければ実体測定が行えなくなる．また，1直線の1回の飛行をコースと呼ぶが，1コースで対象範囲を撮影できない場合には数コースの撮影飛行が必要で，この際にも隣り合うコースで写真が重複している必要がある．

コース方向での重複度はオーバーラップ，隣り合うコースでの重複度はサイドラップという（図10.14）．通常，オーバーラップは60％，サイドラップは20～30％となるように撮影されるが，オーバーラップが50％以下になると実体視できないので，60％よりも大きくオーバーラップがとられる傾向にある．

4) 写真処理・判読　　撮影した写真は直ちに現像・乾燥され，焼付け（プリント），引伸し，複写などを行う．フィルムの長さが60m，または120mあるため，すべて大型自動現像機により現像され，乾燥も自動フィルム乾燥機で行われる．現像時間は1本で2時間程度である．フィルムが乾かされた後は密着プリントにより検査後，引伸しなど必要な処置が施される．

最近では，写真処理技術の進展により，現像・プリントなどの自動処理や被写体の色調による画質調整も自動的に行われるようになっている．

写真上の像を室内で実体視し，その種類や範囲を確認すること（判読）を行うこともある．

5) 標定点測量　　対象区域内の標定点を水準測量，三角測量などにより位置

決めをする．

6) **空中三角測量**　3～5点の標定点を設けて図化機により三角測量を行う（機械空中三角測量）．最近では，コンパレータとコンピュータによる解析的空中三角測量が多く用いられている．

7) **現地調査**　空中写真では建物の影となる場所や樹木の下にあるものは写らない．また，学校名などの名称や行政界など無形のものは写らない．したがって，撮影写真やその引伸し写真をもって現地に行き，これらを調査する．

8) **図　化**　空中三角測量結果を用いて図化機の標定を行った後，空中写真から解析図化機，アナログ図化機で等高線や道路，家屋などが描かれた原図を作成する．

図化は，通常は製図用トレースフィルムに，製図用インクペンかボールペンを使用して行う．精巧な地図を描く場合には，遮光乳剤を塗ったプラスチックフィルムであるマイラーベースを用い，表面の遮光乳剤を針でひっかいてはがして描画する直接スクライブ法が用いられる．

9) **編集，校正**　原図をもとに現地調査写真，現地補測資料などを用いて欠落部分の補足描画や校正を行う．さらに，地名，物体名などを書き入れるなどの編集を行い，地図としての構成を整える．

10) **製　図**　編集図面に記号，地形などをトレースして，仕上げの製図を行う．最近では，最初の図化のときにマイラーフィルムに直接描画する直接スクライブ法によって原図を作成し，校正時には該当部分に修正液を塗って仕上げを行うことが多い．

10.4　空中三角測量

10.4.1　概　　要

空中三角測量は，図化のために必要な標定点を，現地測量によらず，写真上から幾何投影的に求める方法である．この方法によれば，標定点は1コースの空中写真の最初の実体モデルにのみ数点あればよく，これによって対地標定した後は，写真によって次々に標定していくものである（接続標定）．

空中三角測量の方法には，精密な図化機を用いて行う機械空中三角測量とコンピュータを利用して直接的に空中三角測量を行う解析空中三角測量とがある．最近では時間的・経済的・精度的に格段に優れる解析空中三角測量が中心である．

10.4.2 機械空中三角測量

機械空中三角測量の基本原理は，実体モデルを順次接続して1つの連続した実体モデルをつくることである．図10.15に示すように，1コースの空中写真（写真❶，❷，❸，……）から空中三角測量を行う場合を考えてみる．その基本的手順は次のものである．

① 最初の1組の実体写真（❶＋❷）を3～4点の標定基準点を用いて標定し，実体モデルをつくる．

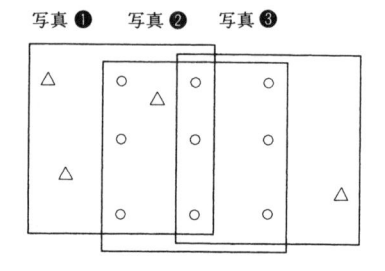

○パスポイント　△標定基準点

図10.15　1コースの空中三角測量の基本的考え方

② 次に実体写真❷を固定して実体写真❸と相互標定し，接続して実体モデルをつくる．これによると，実体モデル内に標定基準点がなくても先に標定した実体モデルと連続した実体モデルができる．

③ 以下，順次1組の実体写真の一方を固定し，他方を使って接続して，連続した実体モデルを作成する．

実体写真を標定しながら接続していくことを接続標定といい，そのために用いる標定点をパスポイントという．

実際には地球表面が球面であることにより生じる誤差や標定誤差などにより，実体モデルに多少の誤差が生じるので，中間や最後の実体モデルに適当な数の標定基準点を設け，接続標定によって作成された実体モデルの誤差を地形と一致するようにする．

10.4.3　解析空中三角測量

コンピュータを利用することで，機械的手法によらずに直接的に空中三角測量の問題を解くことを，解析空中三角測量という．原理的には，図化機を用いた過程をコンピュータでの数値計算に置き換えており，機械に束縛されないため，実体モデルの接続の仕方に種々の方法がある．

解析空中三角測量は，接続標定しようとする個々の空中写真上に標定点を定め，その写真座標をコンパレータで測定し，この値を用いてコース全体の数学的モデルをつくる．このモデルについて対地標定を行い，各モデルの絶対標定要素を求めるものである．

10.5 空中写真の判読

10.5.1 概　要

写真判読は，空中写真に撮影されている物体・状況などを読み取ること，および，様々な写真像の相互関係や色調の差などから，専門知識をもって総合的に整理，分析，判断することの2段階がある．現在，行われている空中写真撮影のうち，一部が地図の製作や測定に使われているだけで，大半は都市計画や環境汚染，地質探査，石油・鉱物の探査などの判読に使われている．

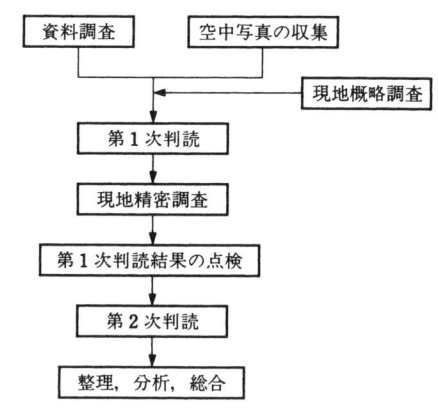

図 10.16　写真判読の手順

10.5.2 判読の手順

写真の判読は，一般的に図 10.16 に示す手順で行う．各手順の内容を表 10.6 に示す．

表 10.6　写真判読の手順

順番	内　容	作業などの説明
1	資料調査	調査目的に応じて調査地域に関連する文献，資料，調査図などを収集する．
2	空中写真の収集	調査目的に応じた適切な空中写真を収集する．
3	現地概略調査	対象地域の調査を行い，判読のキーとなるデータを収集する．
4	第1次判読	予備的な判読であり，調査目的に応じて収集資料を参考に，空中写真から得られる情報を写真上に分類して記入する．写真の中のどの像あるいはその特徴が目的とする判読に使えるかどうかの見当をつける．
5	現地精密調査	第1次判読では判読が困難で不明瞭な場所や重要な物体などに関する現地調査を行う．
6	第1次判読結果の点検	現地精密調査より第1次判読結果の点検を行う．調査地域に空中写真を持参することで，新たな判読のキーを探し出す．
7	第2次判読	現地精密調査の結果新たに加えられた判読のキーを活用して再び判読を行って，第1次判読結果に修正を加える．
8	整理，分析，総合	調査と写真判読で得られた結果の総合的な分析を行い調査図を整理する．必要に応じて説明書や報告書をまとめて総合的にまとめ上げる．

表10.7 写真判読のキーとその概略

判読のキー	判読への活用方法
種 類	写真に写っている像が何であるかを判読する．あらかじめ写真撮影したときの平面形状を知っておくことが必要である．
形状，大きさ	写真に写っている像の形状や縮尺よりわかる大きさ，あるいは他の大きさのわかっているものとの比較から，被写体が何であるかを判読する．
陰 影	単写真や実体視しにくい実体写真で立体感を得ることに用いる．
色 調	実体視しても細部や種別がわからない場合に，色調から細部の状態や種別（樹木，耕作物の種類など）を判読する．
き め	小さい地表の対象物の集合が写真像に「きめ」として現れる．このため集合体の性質を判読するのに用いることができる．
模 様	地域的に広がりをもつ地質，土壌，森林などの特性を知ることに利用できる．
質 感	植生など面的に広がっているものによって写真の画像の質感が異なってくる．これにより判読する．

10.5.3 判読の要素

写真を判読するときのキーとなるものは①被写体の種類，②被写体の形状・大きさ，③陰影，④色調，⑤きめ，⑥模様，⑦質感などである．各キーの概略を表10.7に示す．実際の写真判読では以上のようなキーを組み合わせ，相互に補い合って確実な情報を得ていくことが重要である．

10.6 実体図化機

1) 実体図化機(photogrammetic plotter または stereo plotter)の種類と基本原理

実体写真を用いて能率的にかつ高精度で図化を行うために作られ，モデル表面をたどることによって写真に写っている物体の点，平面図，断面図，等高線図を描画できる機械を実体図化機（簡単に図化機とも呼称されている）という．実体図化機を大別すると，アナログ図化機，解析図化機およびデジタル図化機となる．

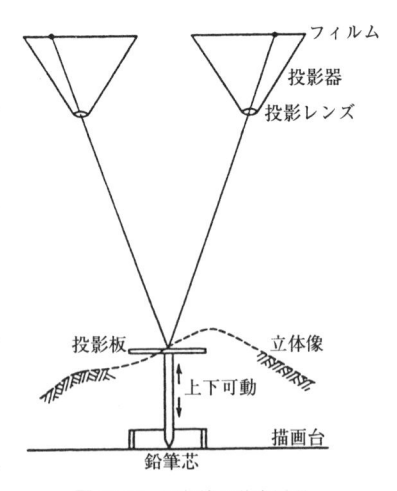

図10.17 図化機の基本原理

表10.8 各種図化機の原理・使用方法と長・短所

	実体図化機		
	アナログ図化機	解析図化機	デジタル図化機
機種名	・A7(1級図化機:WILD) ・C8(1級図化機:ZEISS) ・A8(2級A図化機:WILD) ・Planimat(2級A図化機:ZEISS)	・Planicomp (ZEISS) ・Aviolyt (WILD)	・ImageStation (ZI:Zeiss+Intergraph) ・PHODIS(カールツァイス) ・DPW(ライカ)
原理・使用方法	撮影時の状態をポジフィルムを使用し図化機の甲板上で再現(甲板を傾ける) ・光学的投影法(C8):投影像を直接観測 ・機械的投影法(A7, A8, プラニマート等々):投影レンズ+望遠鏡による観測	撮影時の状態をプリズムにより光の屈折を利用して再現(甲板は傾かない) ・解析的投影法:写真像の位置やモデル点等をデジタルに変換し数式により解析	撮影時の状態を光の屈折により再現 ・解析図化機と原理は同じ ・使用する写真は、デジタル写真(ネガからスキャニング) ・PC, EWSで稼働
長所	オペレータの熟練された技術により、ある程度の不完全モデルの実体視が可能 ・光学的投影法:余色法が可能 ・機械的投影法:光学的投影法に比べ、光源の問題が解消された	・多様な仕事を処理できる ・システム構造の変更、拡張、異種の導入が容易 ・作業速度が向上(標定に要する時間の大幅短縮) ・精度の向上(アナログ:20μ, 解析:2μ) ・操作性の向上	・オペレータの能力がこれまでより不必要(メガネ等により強制実体視) ・画像相関により、自動標定が可能 ・PC等での稼働のため、広いスペースを必要としない ・写真と描画線を画面上で重ねて表示可能 ・拡張ソフトにより、鳥瞰図、動画、デジタルオルソフォトの作成が可能 ・GPS, IMU等による自動空中三角測量が可能
短所	(図化作業までの標定に熟練技術を要する) 光学的投影法:モデル全体でピントが合わせられないので、精度が上げにくい 機械的投影法{画面距離に制限がある / 精密で複雑な機械的しくみ / 傾きの大きい写真は図化不可}	・操作(コントロールパネル)を覚えるのに時間を要する ・複雑な機械・ソフトの構造のため、故障時には専門の技師に委ねる ・すべてを数式・計算で処理しているため、モデルになっていなくても計算上モデルになるときがある	・図化精度は、スキャニング精度に依存 ・高解像度デジタル写真を処理するため、ディスク容量の確保が必要

図 10.17 は図化機の基本原理を示したもので，浮標（メスマーク）と物体の立体像とがちょうど交わる高さに小さな投影台を用意しておき，浮標が物体に接するように追跡すると，投影台の動きが等高線図となって描画される．解析図化機では，左右の浮標の写真座標が測定され，地上の3次元座標が計算される．浮標とは，立体視をしながら測定すべきステレオ対応点を同定するためにつくられた小さな点のことである．

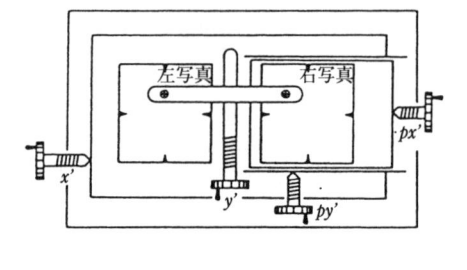

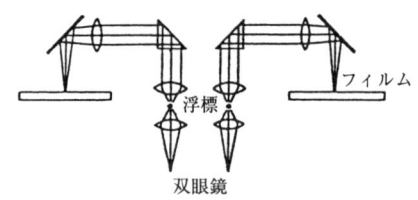

図 10.18　ステレオコンパレータの原理

これらの図化機の機種名，原理・使用方法および長所・短所をまとめて表 10.8 に示した．

2）アナログ図化機（analogue plotter）　アナログ方式による図化方法は，機械の操作に相当熟練が必要である．一様な高精度を保つことがそれほど容易ではなく，所要の時間も長くかかる．精度と機能からは，1級図化機と2級図化機に分類され，投影法からは，光学的投影法式と機械的投影法式とに分類されるが，光学的投影法式は現在ほとんど使用されていない．

3）解析図化機（analytical plotter）　立体写真の幾何学をコンピュータにより数値的に再現し，物体の3次元計測や等高線図化作成などを行う装置である．解析図化機の構成は，コンピュータ，ステレオコンパレータおよび自動製図機などで構成されている．自動製図機により，地図を描くのに必要な種々の文字や記号などが自動的に作画される．ステレオコンパレータでは，一対の立体写真を12～18倍の双曲顕微鏡で立体視し，測定点に浮標を合わせて両写真の座標を測定する．図 10.18 に示すように，左写真の機械座標

図 10.19　アナログ図化機（プラニマート：Planimat）

10.6 実体図化機

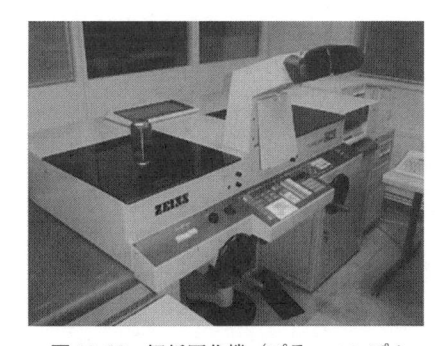

図 10.20 解析図化機（プラニコンプ：Planicomp）

図 10.21 デジタル図化機（イメージステーション：Image Station）

x', y'に対し，右写真の方は px', py' の微動を行い，ステレオ対応点の微調整が行われる．この場合，右写真の機械座標は，$x''=x'-px'$, $y''=y'+py'$ の式で与えられる．測定値の出力が x', y', px', py' のステレオコンパレータが多い．

4) デジタル図化機（digital plotter） デジタル写真測量では，コンピュータ処理してディスプレイに画像などを表示し，観測や判断を行うことになる．このためのシステムが，デジタル図化機と呼称されている．高級のソフトウェアを使用すれば，地形図作成はもちろんのこと，地理情報システムとの結合も可能である．

以上述べた各種図化機の代表的なものを図 10.19～10.21 に示した．

【例題 13.1】

カメラの焦点距離 0.153 m，撮影高度 4,000 m，標高 150 m のとき，写真縮尺と撮影面積はいくらか．ただし，写真サイズは 23×23 cm とする．
また，この写真を使用して，最小等高線間隔 2 m の地形図を描くことができるか．ただし，図化ファクターを 1,500 とする．

【解】

$$\text{写真縮尺} = \frac{0.153}{4,000-150} \fallingdotseq \frac{1}{25,000}$$

$$\text{撮影面積} = (0.23 \times 25,000)^2 \fallingdotseq 33.1 \text{ km}^2$$

$$\text{最小等高線間隔} = \frac{4,000}{1,500} \fallingdotseq 2.7 \text{ m} \quad (\text{描くことができない})$$

11. リモートセンシングとGPS測量

ポイント リモートセンシングは，本来，10章の写真測量で述べるべきものと思われる．しかし，人工衛星を利用して地球の諸元を高精度に測量する技術がリモートセンシングの発展によりもたらされたこと，また次世代の測量として注目を集めているGPS測量も人工衛星を利用するという共通点から，本章で解説することにした．ただ，両者とも土木分野の知識から十分に説明できない点もあり，概要を述べるにとどめる．

11.1 リモートセンシング

11.1.1 リモートセンシングの概説

1) **リモートセンシングの意義** 元来，リモートセンシング（remote sensing）とは，遠く離れた観測対象物の種々の物理的特性を観測する技術であり，この意味では前章に述べた航空写真による観測も一種のリモートセンシングである．現在リモートセンシングという場合，狭義の意味で，"人工衛星や航空機を使用して，地上の物体から反射または放射している電磁波を観測し，その反射分光特性（地上の物体が太陽から光を受けると，その一部は反射され，一部は吸収，透過される．この場合，それぞれの物質によってその反射率が異なる性質をいう）を利用して地上の物体を識別し，またその性質を探査する技術"であり，その解析には基本的にコンピュータが使用されるという分野を指している．

2) **リモートセンシング技術と写真測量技術** リモートセンシング技術と写真測量技術との明らかな相違は，前者は後者の受感波長帯を大きく進展させたことにある．すなわち，写真測量による情報抽出はフィルム感度の特性により，可視領域（$0.4 \sim 0.7\ \mu m$）（$\mu m = 1/1,000\ mm$）と近赤外領域（$0.7 \sim 1.1\ \mu m$）の電磁波を中心とする $0.25 \sim 1.5\ \mu m$ の範囲である．一方，リモートセンシング技術は

それを赤外域やマイクロ波まで拡張し，目で見ることのできない現象を映し出すことを可能にした．また，従来の写真判読は判読者の主観的になりがちであったが，マルチスペクトルデータ（反射分光特性の物理量）を使い，コンピュータ解析によって科学的に客観性をもつという点である．

11.1.2 電磁波の区分

太陽は 5,900 K の温度を放出する水素とヘリウムの集合体である．高温に熱せられたエネルギーは電磁波として放射され，その波長は X 線のような短い波長のものからマイクロ波のような比較的長い波長のものまで広範囲にわたっている．地球が放射する波長領域は $4 \sim 50 \mu m$ である．人間が目に感じることのできる光の波長は $0.4 \sim 0.7 \mu m$ であり，この外側の短い波長の紫外線あるいは長い波長の赤外線は肉眼で見ることができない．

これらの他に，宇宙空間には，放射性物質から発生する短い波長の γ 線や宇宙線，人工的につくりだされている長い波長のラジオ波や電力波などの電磁波が満ちている．これらの電磁波は波長別に区別され，図 11.1 に示すような呼び名がつけられている．

11.1.3 観測高度とセンサ

リモートセンシングによる航空機や人工衛星のプラットホーム（センサを収容しているところ）から対象物を観測する場合，目的とする分解能や走査幅によっ

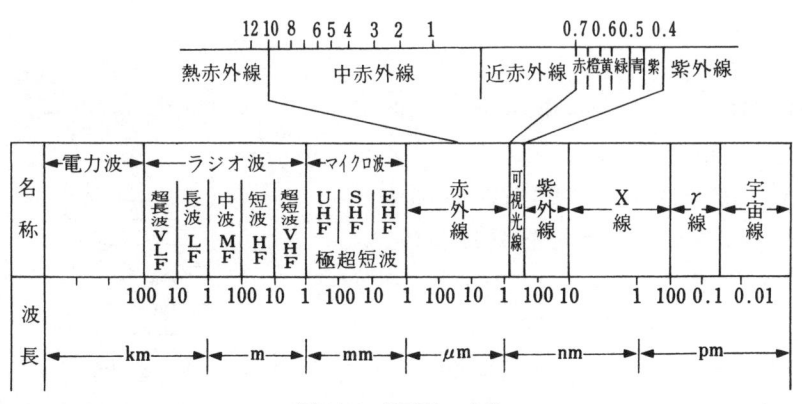

図 11.1 電磁波の名称

て，その観測高度やセンサが違ってくる．プラットホームを高度別に示したものが図 11.2 である．大気圏内の航空機を低高度，軌道衛星（LANDSAT，SPOT など）を中高度，静止衛星（愛称ひまわりで呼ばれている GMS など）を高高度と分類することができる．例えば，アメリカの地球観測衛星 LANDSAT（4，5 号）は，高度 705 km，軌道傾斜角は約 99 度で，回帰日数は 16 日である．

一方，衛星に搭載されている主力センサには次のようなものがある．

1) MSS（multi-spectral scanner，多重スペクトル走査計） LANDSAT に搭載されている MSS は光学系と検出器を組み合わせたスキャン方式のセンサである．観測スペクトル帯域は緑色光（$0.5 \sim 0.6 \mu m$）〜近赤外線（$0.8 \sim 1.1 \mu m$）までの 4 バンドで，主に農地モニタリングに利用される．地球表面における空間分解能は約 79 m，走査幅は約 185 km で，その概略は図 11.3 に示すようなものである．

2) TM（thematic mapper） TM は MSS 改良型の多重スペクトル走査計で，観測帯域は沿岸水域調査の青色光（$0.45 \sim 0.52 \mu m$）から温度調査の中間赤外線（$2.08 \sim 2.35 \mu m$）までの 7 バンドで，多方面に利用される．分解能は約 30 m と約 120 m（遠赤外線のみ），走査幅は約 185 km である．

3) HRV（high resolution visible imaging instrument） フランスの SPOT に搭載されている HRV は，地表面上の軌道直交方向の線分を機械操作なしに一瞬に画像化できる「プッシュブルーム」スキャナ方式である．観測帯域は，分解能 10 m の単色モードの可視域（$0.51 \sim 0.73 \mu m$）と分解能 20 m の多色モードの

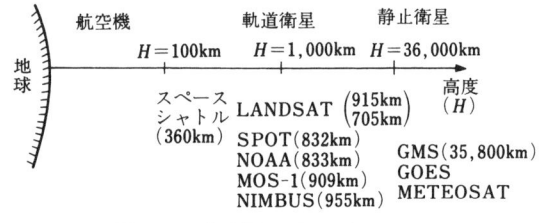

図 11.2 高度別のプラットホーム

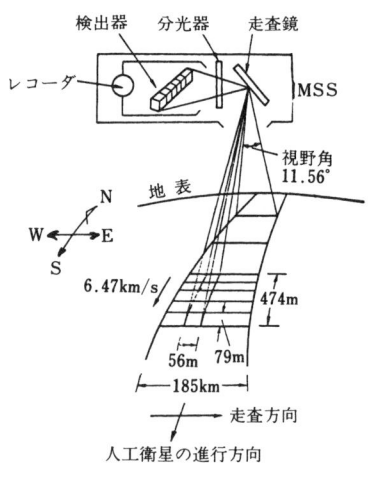

図 11.3 ランドサットの搭載センサ

緑色，赤色，近赤外域の3バンドデータが同時に収集される．走査幅は約60 kmである．

その他，MOS-1 (marine observation satellite-1) は，海面の色と温度を中心にした海洋現象の観測を行うとともに，地球観測の目的のために打ち上げられた日本初の地球観測衛星（1987.2.19，愛称もも1号）である．搭載されている3種類のセンサは，可視近赤外放射計（MESSR），可視熱赤外放射計（VIR），マイクロ波放射計（MSR）である．また，気象観測衛星には，NOAA（アメリカ）のAVHRR，GMS（日本，愛称ひまわり）のVISSRが搭載されており，天気予報の精度向上などに利用されている．

11.1.4 リモートセンシングデータ解析

通常，人工衛星搭載のセンサで得られたアナログ情報は，デジタル情報としてPCM（pulse coded modulation，パルス符号変調）で地上局に伝送され，CCT（computer compatible tape）というコンピュータに利用できるフォーマットに変換した磁気テープに収録される．

CCTに収録されたデータには，センサの感度むら，衛星位置ぶれによる画面

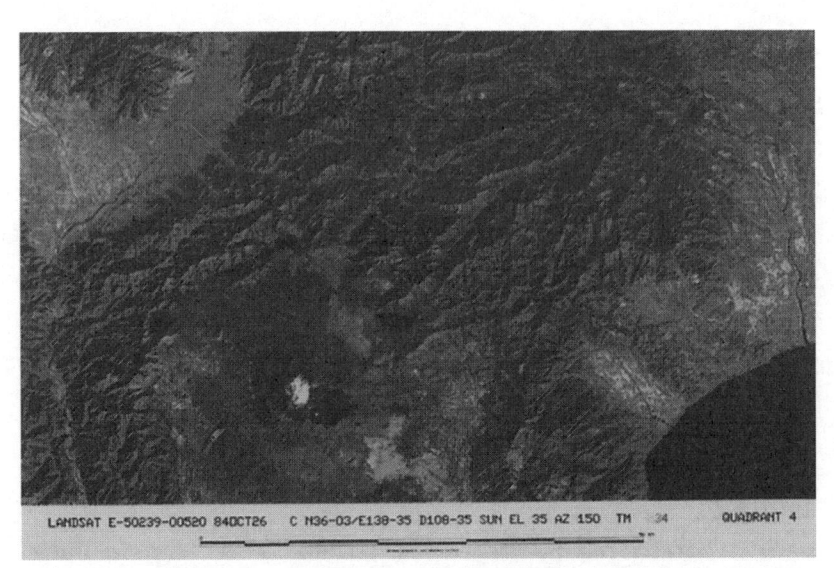

図11.4　LANDSATによる富士上空からのMSS画像

のずれ，地球面のわん曲などによる画面座標系のひずみなどがあるので，これらを処理した後，保存する．処理されたデータや画像は目的に応じて利用者に提供される．図11.4はLANDSATによる富士上空からのMSS画像である．

11.2 人工衛星による測距

11.2.1 人工衛星レーザ測距

人工衛星レーザ測距（SLR, satellite laser ranging）とは，地表から衛星に向けてレーザ光線を発し，衛星上のプリズムミラーを介して反射してくるレーザを受信して，衛星までの距離を求める方法である．また衛星搭載のレーザ発信器からパルス波が地表に向けて発信されており，地表に設置した逆反射プリズムを介して衛星上でキャッチして空中レーザ測距することもできる．

一般に，地表の3点より衛星位置を定め，これを基準にして他の地表位置を定める手法である．この手法の精度は1cm単位で測定でき，地殻変動やプレート運動の測定がなされている．

現在，飛行しているレーザ光測距の専用人工衛星はStalette（フランス，1975，$H=900$ km），Lageos（アメリカ，1976，$H=5,900$ km）およびAjisai（日本，1986，$H=1,495$ km）の3機である．

11.2.2 GPS測量の概説

1) GPSとは GPS（global positioning system，汎地球測位システム）とは，アメリカの人工衛星から発信される電波を利用して，地表の3次元位置（緯度，経度，高度）を求める測位技術である．高い測定精度，取扱いの容易さ，測点間の視距のいらないこと，および天候に左右されないなどの優れた特徴がある．

衛星からの軌道情報と原子時計から絶対座標を求める単独測位と，搬送波の位相から相対的座標を求める相対測位がある．前者はナビゲーションシステムとして自動車，船舶，航空機などの分野で，後者は測量分野や地殻変動の観測などに利用されている．

2) GPS衛星 GPSは，NNSS（navy navigation satellite system）という1964年に運用開始した衛星航法システムに代替するもので，アメリカの軍用衛星からの電波信号の一部を一般に開放しているものである．GPSは1973年に

開始され，1984年の完成を目指したが，種々の理由で遅延され，1993年にこの目的の人工衛星24個が完全配備された（ロシアもGLONASSという類似のシステムをもっている）．

24個の衛星が必要である理由は，測位にも測量にも最低4衛星を同時に受信（後述）しなければならないことによる．24個の衛星は，図11.5に示すように，軌道高度20,183 kmの円軌道，周期11時間58分（速度は約3.85 km/s）で，軌道傾斜角約55度の6軌道，各軌道に等間隔に4個の衛星を配置している．

11.2.3 GPS 観 測 法

1) 単独測位 単独測位は，図11.6に示すように，受信地点で同時に4個のGPS衛星の電波を受信して求めた各衛星までの距離から実時間的に位置を決定する．衛星との距離は，電波が衛星を出た時刻と到着した時刻との差から求める．すなわち，測定された距離 R と受信点の位置 (X, Y, Z) との間には次の関係がある．

$$R = [(X-X_1)^2 + (Y-Y_1)^2 + (Z-Z_1)^2]^{1/2} + Cdt$$

X_1, Y_1, Z_1：衛星の位置，C：電波の伝播速度，dt：受信器の時計の誤差（衛星上の時計の原子時計で制御されている）

上式で未知数は受信点の位置と時計の誤差の計4つとなる．同様の測定を同時に4個の衛星に対して行い，4個の未知数を解くことによって，緯度，経度，高度が求められる．

各衛星から発信されている測位用レーザ波には，L_1バンド（1575.42 MHz，波長293 m）と L_2バンド（1227.60 MHz，波長29.3 m）があり，それに乗ってい

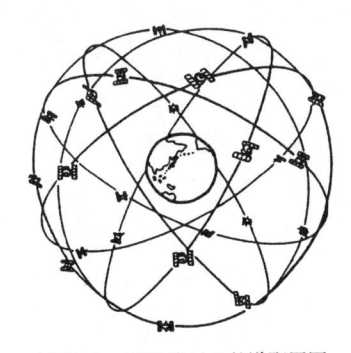

図11.5 GPS衛星の軌道配置図　　　図11.6 単独測位の原理

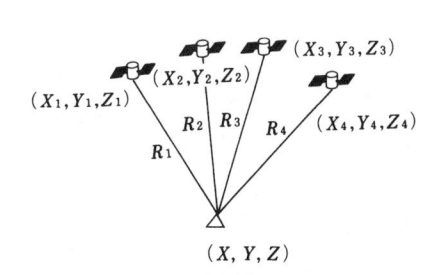

るC/AコードおよびPコードという擬似雑音符号（pseudo random noise）のパターンによって衛星を区別する．

単独測位の場合，C/Aコードを利用したときの精度は約100m，Pコードを利用したときの精度は約30mである．実際のGPSの精度はもう少しよいようであるが，衛星の軌道情報の精度を作為的に劣化（SA, selective availability）させているからだといわれている．他に，Yコードという秘密符号があるとされているが明らかでない．

2）相対測位　相対測位は，ある点を基準として他の点までの距離と方向を測定する方法である．相対測位には，2台の受信器を用いて前述の単独測位を行う方法（トランスロケーション方式）と次の3）で述べる信号処理方式が異なる干渉測位法とがある．

トランスロケーション方式と呼ばれている相対測位は，2台の受信器の1つを基準地点に，他を未知点において同時に単独測位を行う方式である．この方式の精度は2～3mである．

3）干渉測位法　干渉測位法は，C/AコードやPコードを受信するのではなく，図11.7に示すように，衛星からの電波そのもの（搬送波という）の位相を測定する方式である．搬送波自体は正弦波で，L_1およびL_2バンドの波長はそれぞれ約19cmおよび24cmである．

衛星と受信点との距離Rは，次式で表される．

$$R = n\lambda + \phi/2\pi \times \lambda + CdT + Cdt$$

n：整数，λ：波長，ϕ：位相，C：光速度，dT, dt：各衛星と受信器の時計の誤差

単独測位では，直接衛星と受信器の間の距離が測られたが，干渉測位法では位相ϕを測定する．すなわち，1つの衛星に対する2つの受信器の位相の差（これを一重差と呼ぶ）を計算することによって2点間の距離と方向を求める方法である．通常，精度を上げるために，同時に別の衛星に対しても一重差を測定（これを二重差と呼ぶ），あるいは一定時間離れた二重差の差，すなわち三重差を計算することによって求める．

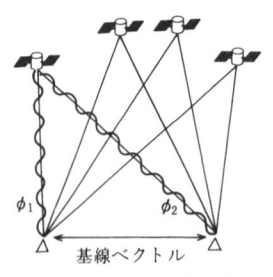

図11.7　干渉測位法の原理
　　　　　位相差 $\Delta\phi = \phi_2 - \phi_1$

干渉測位法には，その観測方法と基線解析法によって，静的干渉測位法（スタティック法）と動的干渉測位法（キネマティック法）に大別される．前者は測量地点に受信器を設置して数時間にわたって受信記録を行うもので基準点測量に，後者は1台を既知点に固定し他の受信機を移動させながら多数の点を測量する場合に利用される．

干渉測位法の精度は，基線ベクトルで1cm，10km程度で1ppm，100km程度で0.1ppm（最近では0.01ppmの精度可能）である．ただし，受信器固有の誤差が5mm程度あるので，短距離区間では相対精度は低下し，従来の測定による光波測距儀の2〜3ppmと同程度になる．

11.2.4 GPS測量からの緯度，経度，標高

GPS測量から得られる緯度，経度および高度は，WGS 84 (world geodetic system 1984) と呼ばれる座標系を基準にしている．この座標系と日本の測地座標系とでは楕円形のみならず楕円体中心および軸の方向が異なっているため，GPSの測位結果をそのまま日本の測位系に採り入れることはできなかった．しかし，2001年（平成13.6.20）の測量法の改正により，経緯度の測定の基準が世界測地系 (GRS 80, geodetic reference system 1980) に基づくこととなった．すなわち，

① GRS 80における地球楕円体を採用：GRS 80楕円体は地球を近似する回転楕円体の中心を地球の重心とすることを定めている．この形状寸法はGPSに用いられているWGS 84とほとんど同じである．

>   長軸半径：6,378.137 km
>   短軸半径：6,356.752 km
>   偏平度　：298.257分の1

② ITRF (international terrestrial reference frame, 国際地球基準座標系) に基づく座標系を採用：ITRF座標系は図11.8に示すように，3次元直交座標系であり，座標原点が地球の重心であって，Z軸は地球の自転軸と一致し，X軸はグリニジ子午線と赤道の交点方向に，Y軸はそれに直交方向にとって空間上の位置を表現している．GPSはこの座標系を採用している．

要するに，我々の測量領域においては，要求される標高（高さ）だけを考慮すればよい．測量で要求される標高Hとは，図11.9に示す観測点とジオイド面

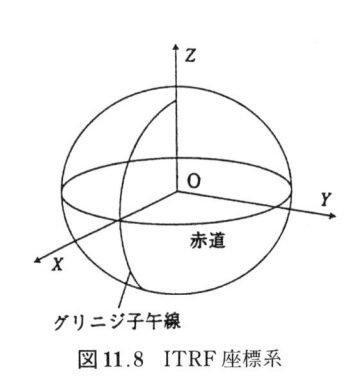

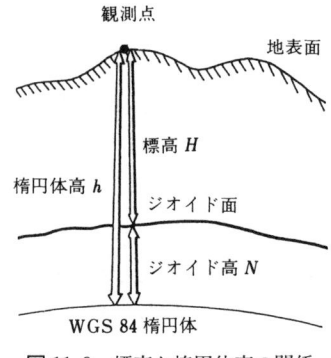

図 11.8　ITRF 座標系　　　　図 11.9　標高と楕円体高の関係

との垂直距離である．一方，GPSで得られた楕円体高 h とは，測位計算で得られた観測点と WGS 84 楕円点面との距離である．したがって，標高と楕円体高との間には，ジオイド高 $N = h - H$ に相当するだけの食い違いが生じる．ジオイド高 N は重力場の不均一が激しい地域では 3～10 cm の差がある．あらかじめ測量を行う地域のジオイド高 N を知っておく必要（水準点のような標高既地点で GPS 測量を行えば，ジオイド高が決定できる）があるが，通常の GPS 測量は相対測位で行われるので，実際の補正に必要な量は，観測点間のジオイド高の差（ジオイド比高）である．

　国土地理院では，地震，火山噴火活動等の地殻変動を常時監視することと，各種測量の基準点として利用するために，全国に約 1,000 点（約 30 km 間隔）の電子基準点を配置し，情報の提供を行っている．

12. 路線測量

ポイント これまでの各章においては，主として一般的な地形図を作成することを念頭において測量学の内容を示してきた．本章で述べる路線測量は応用測量の1つである．応用測量といわれる分野には，その他トンネル測量，河川測量，港湾・海岸測量などがある．実際，これらの分野に携わる機会は路線測量に比べてそれほど多くなく，また紙数の関係で割愛し，路線測量に関する事項のみ解説を行うことにする．

12.1 路線測量の概説

　道路，鉄道，運河，上下水道および水力発電用導水路などの施設，改良のために行う，比較的幅が狭く距離のある区域の測量を，総称して路線測量 (route surveying) という．これらのうち，一般的に道路関係の測量が主体的であるので，主として道路に関する事項のみを取り扱うことにする．

　道路建設に際して行う測量作業は，大別して，(1)調査測量，(2)予備測量，(3)実施測量，(4)工事測量がある．

12.1.1 調査測量

　計画路線が技術的に可能かどうか，また将来の路線周辺の発展なども十分考慮し建設した場合にその建設費，維持費の点で採算がとれるかなどを踏査し，主に図上で検討するための概略測量である．

　この計画段階では，一般に 1/50,000 または 1/25,000 の国土地理院発行の既成地図が利用される．予測図上に数本または1本の優良路線を計画し，場合によっては現地踏査をする．最近では，GIS 上に高分解衛星データ，数値地形データを取り込み，複数案による路線比較選定を行う．デジタルで各種データが管理さ

れているため，比較評価を定量的に行うことができる．

12.1.2 予 備 測 量

1本の最適路線を選定するための測量で，普通はトラバース測量を行い，平面図，縦断面図および横断面図を作成する．また最近空中写真測量から1/5,000～1/3,000 程度の地形図がつくられ，縦断面図を作成する方法がとられている．

最適と判断された路線について，路線規格に合った線形を定め，平面図に示す幅は中心線の両側約 100 m とし，中心線 20 m ごとの点の位置と標高とを明らかにしておく．

12.1.3 実 施 測 量

予備測量で決定した最適路線を現地に測量して設置することを実施測量（確定測量）という．この測量は，中心線の設置，縦断，横断および地形測量（次頁の図 12.1 の平面図参照）などである．

まず，路線の中心線上 20 m 間隔に杭（ナンバー杭）を設置すると同時に水準測量をも実施して，図 12.2 (p. 158) に示すような縦断面図（通常，縦 1/100，横 1/500）を作成する．また，中心線の方向が変わるところでは適当な曲線を設置し，主要点杭（役杭）を打つ．役杭とは，路線中心線における始・終点，円曲線や緩和曲線の始・終点，あるいは円曲線や緩和曲線を挟む直線の交点（交会点）などに打つ杭である．さらに，中心杭および中間点（ナンバー杭間の地形変化部，道路や鉄道との交差部などに設置する杭をプラス杭といい，主要点に対して中間点と呼ぶ）において中心線に直角方向に横断測量を行い，図 12.3 (p. 159～160) に示すような横断面図 (1/100) を作成する．横断面図より切り取り，盛土の面積から土工量を計算する．その他，必要に応じて橋など付帯主要構造物についての細部測量も行い，平面図（通常，1/500～1/200）を作成する．また用地境界の設定，用地補償もこの段階で行うのが普通である．

12.1.4 工 事 測 量

路線の建設工事に関わる一切の測量で，役杭，ナンバー杭，およびプラス杭の設置（これらの杭は実施測量で設置されている場合が多い），土工の遺形および

12.1 路線測量の概説　　157

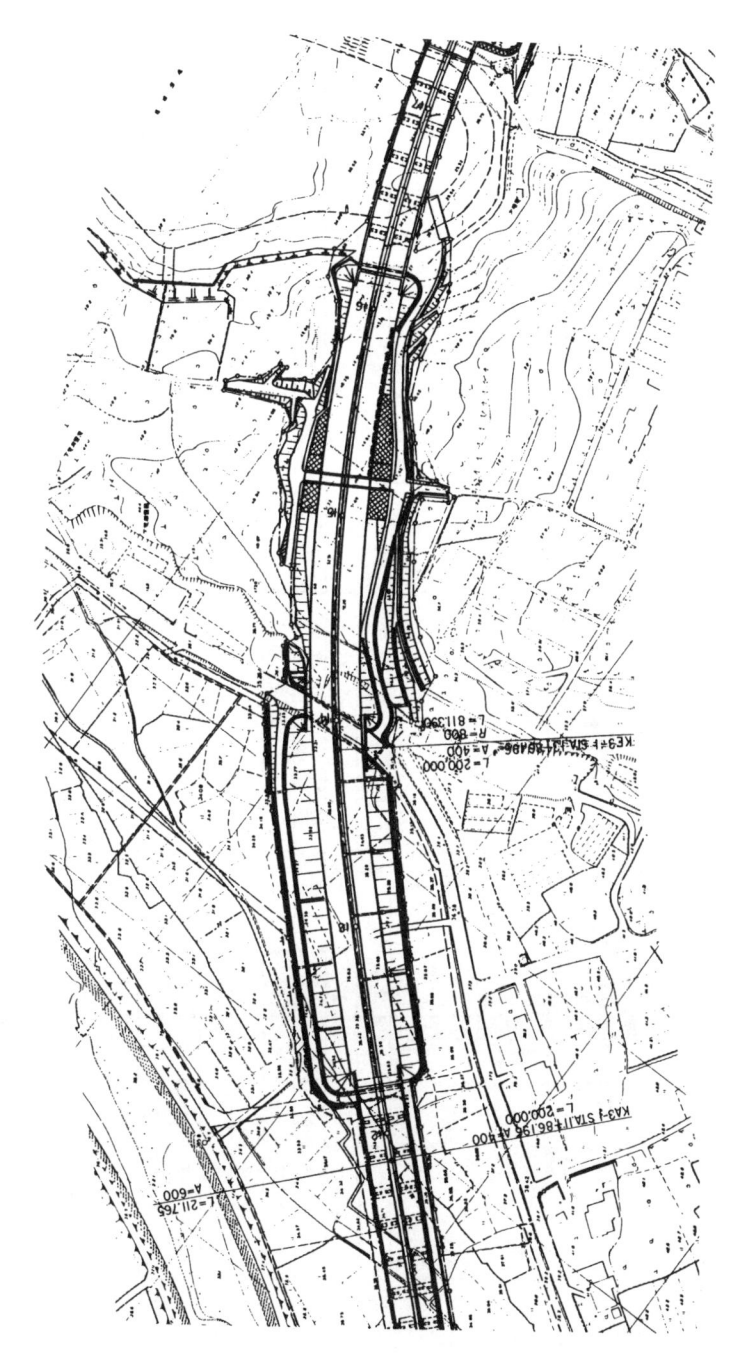

図12.1　平面設計図（完成図）（土木製図委員会編：土木製図規準，土木学会）

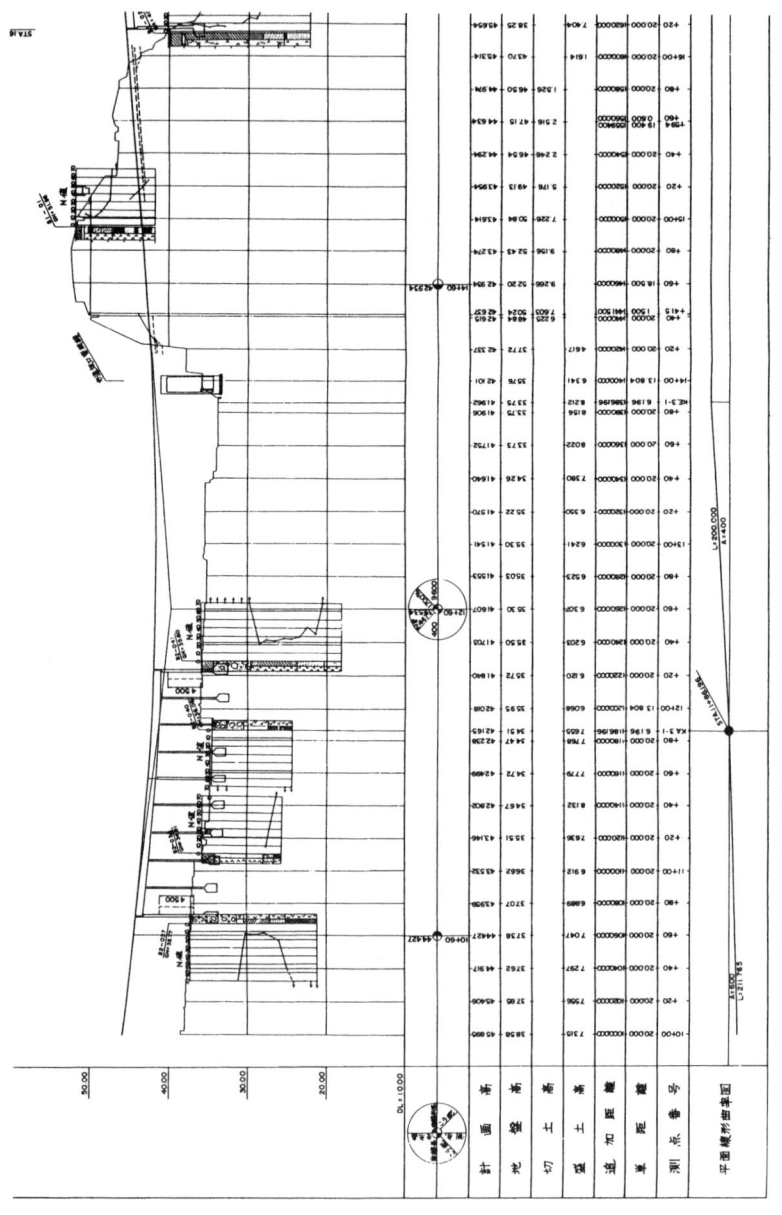

図 12.2 縦断曲線設計図例(土木製図委員会編:土木製図規準,土木学会)

12.1 路線測量の概説

図 12.3 標準横断面図（土木製図委員会編：土木製図規準，土木学会）盛土部

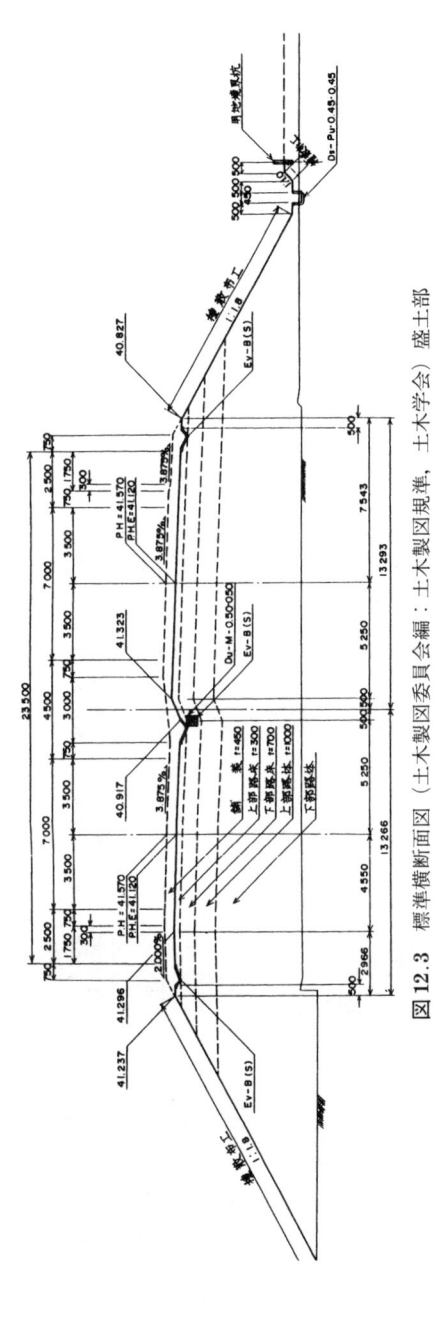

160　　　　　　　　　12. 路線測量

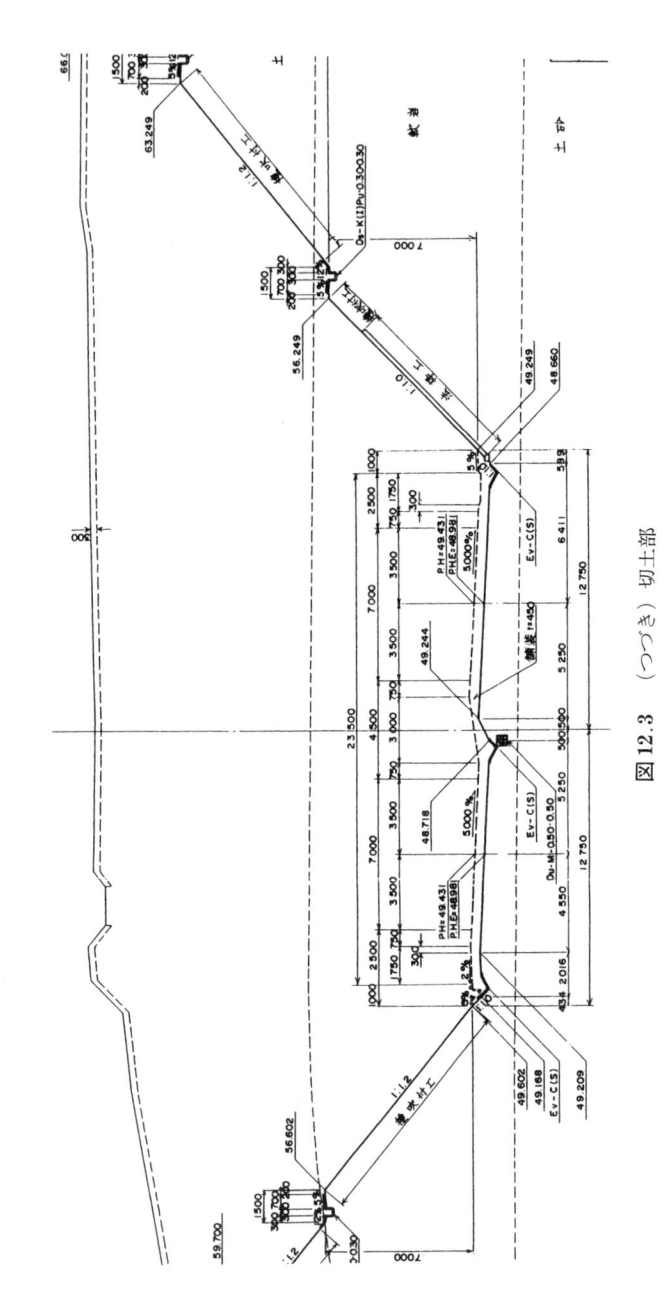

図12.3 (つづき) 切土部

12.2 曲線設置法

丁張りなどを行って工事を進める．

遺形とは，土工，橋などの工事の際，杭や板で構築物の位置，高さ，形状などを表示する一種の施工定規である．丁張りとは，土工の盛土築堤の際，できあがり法面の傾斜および高さを示すために張った糸や板のことである．

12.2.1 曲線の分類

路線はできる限り直線および平坦とすることが望ましいが，地形その他の条件で中心線の方向または傾斜を変えるときは，曲線でこれを連結して円滑にする必要がある．

曲線はそれが含まれる面によって，水平面内にある平面曲線と鉛直面内にある縦断曲線あるいは横断曲線があるが，単に曲線というときは平面曲線をさす．

曲線をその形状および性質によって分類すると，次のとおりである．

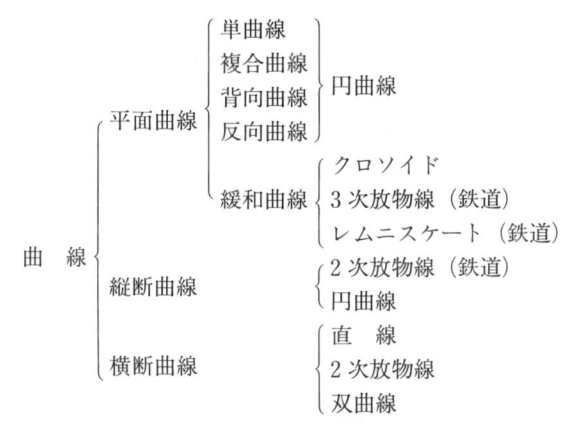

```
            ┌ 平面曲線 ┌ 単曲線
            │         │ 複合曲線 ┐
            │         │ 背向曲線 ├ 円曲線
            │         │ 反向曲線 ┘
            │         │         ┌ クロソイド
            │         └ 緩和曲線 ┤ 3次放物線（鉄道）
曲 線 ┤                          └ レムニスケート（鉄道）
            │ 縦断曲線 ┌ 2次放物線（鉄道）
            │         └ 円曲線
            │         ┌ 直 線
            └ 横断曲線 ┤ 2次放物線
                      └ 双曲線
```

平面曲線において，直線と直線との間に半径 R の円弧を1個入れたものを単曲線（single curve，単心曲線ともいう），半径の異なる円弧を同一方向に2個入れたものを複合曲線（compound curve，複心曲線ともいう），単曲線を反対側（S形）に入れたものを背向曲線（reverse curve，Sカーブともいう），また山岳地帯の道路でよく用いられる反向曲線（hair-pin curve）は，これらの曲線が集合してあたかもヘアピンのような形をしたものをいう．

緩和曲線は，平面曲線部における視距および乗り心地などをよくするために，直線と円との間に挿入する曲線で後述する．

12.2.2 円曲線の術語と一般性質

12.2.1項で述べたように,曲線には種々あるが基本となるのは円曲線であり,その曲線各部(図12.4)の名称および性質を表す公式を示したものが,それぞれ表12.1および表12.2である.

円曲線では,曲率が一定で左右対称形であるため,任意の2つ(少なくとも1つは長さの単位をもつ)を与えると他の全部の量が簡単に計算できるから,円曲線が確定する.

12.3 円曲線の設置法

12.3.1 偏角弦長法

偏角弦長法(deflection angle method)は,最も一般的に広く利用されている方法で,曲線始点Aに測角器械(トランシット)を据え,接線方向からの偏角と距離により,曲線上の点(中間杭)を求めていく方法である.

図12.5に示す半径Rの円曲線で,弧長lに対する偏角をδ,中心角をβ,弦長をcとすれば,次式が成立する.

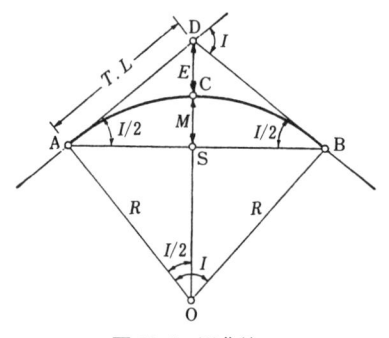

図12.4 円曲線

表12.1 円曲線の記号と名称

記 号	名 称	摘 要
B.C	曲線始点 (beginning of curve)	A
E.C	曲線終点 (end of curve)	B
S.P	曲線中点 (secant point)	C
I.P	交点 (intersection point)	D
I	交角 (intersection angle)	I
I	中心角 (central angle)	∠AOB
R	曲線半径 (radius of curve)	OA=OB
C.L	曲線長 (curve length)	$\widehat{AB}$
L	長弦 (long chord)	AB
T.L	接線長 (tangent length)	AD=BD
M	中央縦距 (middle ordinate)	CS
E	外割 (external secant)	CD
$I/2$	総偏角 (total deflection angle)	∠DAB=∠DBA

12.3 円曲線の設置法

表 12.2 円曲線の性質を示す公式

諸要素	計算公式	摘要
接線長	$T.L = R \tan \dfrac{I}{2}$	$AD = BD$
曲線長	$C.L = RI \text{ (rad)} = R\dfrac{\pi}{180}I° \fallingdotseq 0.01745\, RI°$	$\overparen{AB}$
長弦	$C = 2R \sin \dfrac{I}{2}$	AB
中央縦距	$M = R\left(1 - \cos \dfrac{I}{2}\right) = R \text{ vers} \dfrac{I}{2}$	CS'
外割	$E = R\left(\sec \dfrac{I}{2} - 1\right) = R \text{ exsec} \dfrac{I}{2}$	CD

$$\delta = \frac{1}{2}\beta = \frac{1}{2}\cdot\frac{l}{R}\text{(rad)} = \frac{l}{2R}\cdot\frac{180\times 60}{\pi} = 1718.87\frac{l}{R}\text{(分)} \qquad (12.1)$$

$$c = 2R \sin\delta = 2R \sin\left(\frac{1}{2}\cdot\frac{l}{R}\right) \fallingdotseq l - \frac{1}{24}\cdot\frac{l^3}{R^2} + \cdots\cdots \qquad (12.2)$$

路線起点から中心線上の距離（一般に 20 m）ずつ中心杭を打設していくが，曲線部では曲線始点 A(B.C) および曲線終点 B(E.C) のところでは端数の距離が生じる．この端数距離のことを，曲線始点 A 側で始短弦，曲線終点 B 側で終短弦という．この始短弦および終短弦を，それぞれ l_1, l_2 とすればそれらに対する偏角は式（12.1）から求めることができる．

以上のことから，偏角法による曲線設置は，次のようにすればよい．

① まず，B.C である点 A にトランシット（測角器械）を据え，接線方向 AD より偏角 δ_1 をふる．

② その視準線中に，A から始短弦長 l_1 を巻尺で測り，中間点 P_1（プラス杭）を決定する．

③ 次に偏角 δ_0 を加えた角（$\delta_1 + \delta_0$）をふり，その視準線中に P_1 から $l_0 = 20$ m に対する弦長 c_0 の距離に P_2 を定める．

④ 以下同様にして P_3, ……, P_n を決定していく．

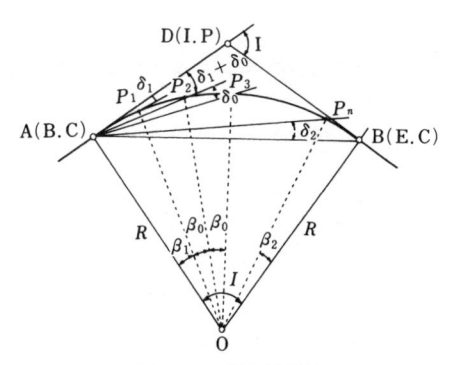

図 12.5 偏角弦長法

⑤ 最後に, 終短弦偏角 δ_2 を加えた角 ($\delta_1+n\delta_0+\delta_2$) をふり, その視準線中と P_n からとった終短弦長 l_2 の点 B を求める.

この点 B は, 理論的には E.C と一致するが, 実測では誤差が生じることがある. 誤差が大きいと再測する必要があるが, 小さいときには距離に比例して各点に配分すればよい.

なお, $l/R < 1/10$ であれば, 式 (12.2) でわかるように弦長と弧長との差が小さいから, $c=l$ とみなして設置することができる.

【例題 12.1】 路線の起点から交点 V までの追加距離 1274.56 m, 交角 $I=41°23'$, 半径 $R=300$ m のときの曲線設置の各要素を求めよ. ただし, 中心杭の間隔 $l_0=20$ m とする.

【解】
1. 接線長 $T = R \tan \dfrac{I}{2} = 300 \times \tan \dfrac{41°23'}{2} = 113.31$ m

2. 曲線長 $L = RI \text{ (rad)} = R\dfrac{I°}{180°/\pi} = 0.0174533\, RI°$
   $= 0.0174533 \times 300 \times 41.383° = 216.68$ m

3. 曲線の始点 A(B.C) および終点 B(E.C) の位置
   (1) 始点 A(B.C) $1,274.56 - 113.31 = 1,161.25 = 1,160$ m $+ 1.25$ m
   $= $ No.58 $+ 1.25$
   (2) 終点 B(E.C) $1,161.25 + 216.68 = 1,377.93 = 1,360$ m $+ 17.93$ m
   $= $ No.68 $+ 17.93$

4. 短弦 l
   (1) 始短弦長 $l_1 = 20 - 1.25 = 18.75$ m
   (2) 終短弦長 $l_2 = 17.93$ m

5. 偏角 δ
   (1) 20 m に対する偏角 $\delta_0 = 1,718.87\,\dfrac{l_0}{R} = 1,718.87\,\dfrac{20}{300} = 1°54'35''$
   (2) 始短弦 l_1 に対する偏角 $\delta_1 = 1,718.87\,\dfrac{18.75}{300} = 1°47'26''$
   (3) 終短弦 l_2 に対する偏角 $\delta_2 = 1,718.87\,\dfrac{17.93}{300} = 1°42'44''$

6. 各中心杭に対する偏角
   (1) No.59 (起点からの距離 1,180.00) $\delta_1 = 1°47'26''$
   (2) No.60 (起点からの距離 1,200.00) $\delta_1 + \delta_0 = 3°42'01''$
   (3) No.61 (起点からの距離 1,220.00) $\delta_1 + 2\delta_0 = 5°36'36''$
   ....
   (4) No.68 (起点からの距離 1,360.00) $\delta_1 + 9\delta_0 = 18°58'41''$
   (5) E.C No.68 $+ 17.93$ (起点からの距離 1,377.93) $\delta_1 + 9\delta_0 + \delta_2 = 20°41'25''$

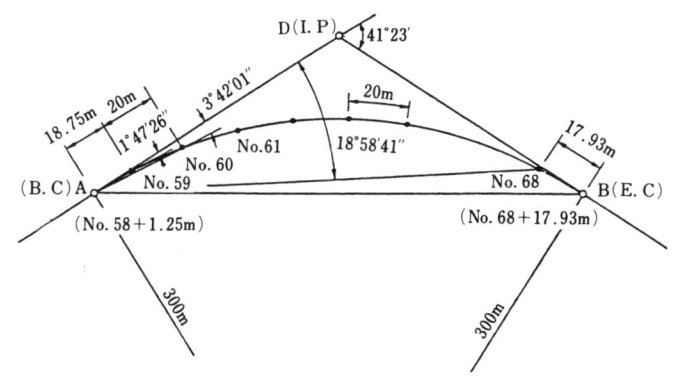

図12.6 計算例における各要素

7. 計算上の誤差

偏角の誤差　$\Delta\delta = 20°41'25'' - \dfrac{I}{2} = 20°41'25'' - 20°41'30'' = -5''$

長弦　$C = 2R\sin\dfrac{I}{2} = 2 \times 300 \times \sin 20°41'30'' = 212.003$ m

E.Cの位置誤差　$\Delta C = \dfrac{\Delta\delta}{\rho''} C = \dfrac{5}{60' \times 60'' \times 180°/\pi} \times 212.003 = 5.1$ mm

図12.6は計算例における各要素を示したものである．

12.3.2 前方交会法

前方交会法（foward intersection method）は，偏角のみを用いて設置する方法である．例えば図12.5において，A(B.C)点およびB(E.C)点にそれぞれトランシットを据え，偏角 δ_1 と偏角 $\delta_2 + n\delta_0$ の交点によって P_1 点を，偏角 $\delta_1 + \delta_0$ と $\delta_2 + (n-1)\delta_0$ の交点によって P_2 点を見出して，順次 2 方向の偏角の交会によって中間点を打設する方法である．この方法は距離を測る必要がなく，曲線半径が小さい場合にも誤差を伴わないから好都合である．

12.3.3 中央縦距法

中央縦距法（middle ordinate method）は，図12.7に示すように中央縦距 M を順次求めて，適当な間隔ごとに曲線の中間杭を測設する方法である．この方法は，俗に土方カーブあるいは1/4法とも呼ばれる．

曲線設置を行うには，まず最初にA(B.C)とB(E.C)を結ぶ長弦の中点でオフセットを立て，垂線Mを求める．順次M_1，M_2，……とオフセットを立てていくと曲線を設置することができる．

$$\left.\begin{array}{l} M = R\left(1-\cos\dfrac{I}{2}\right) = R - \sqrt{R^2 - \left(\dfrac{C}{2}\right)^2} \fallingdotseq \dfrac{C^2}{8R} \\ M_1 = R\left(1-\cos\dfrac{I}{4}\right) \fallingdotseq \dfrac{M}{4}, \quad M_2 = R\left(1-\cos\dfrac{I}{8}\right) \fallingdotseq \dfrac{M_1}{4}, \quad \cdots \end{array}\right\} \quad (12.3)$$

式(12.3)の第1式は，一定の弦長に対する中央縦距が曲線上のどの位置においても一定値であることを示している．したがって，この方法は既設円曲線の検査，保守などに利用される．

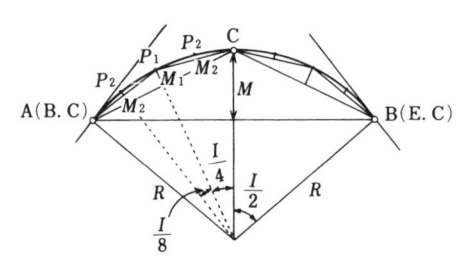

図12.7 中央縦距法(1/4法)

その他，円曲線の設置方法には，測角器械を用いてA(B.C)点から曲線上の点に至る距離(動径)と偏角から利用する偏角動径法，および見通しの悪い場合などに用いられる弦角弦長法がある．また巻尺のみを用いて，接線および弦からのオフセットによる設置法などがある．これらについては参考文献で参照されたい．

12.4 緩和曲線とその設置法

12.4.1 緩和曲線

直線と円曲線の間に挿入する曲線を緩和曲線(transition curve)という．直線と円曲線を直接結びつけた道路を自動車が走行すると，直線と円曲線の接合部で急激に遠心力や心理的作用が働いてドライバーや乗客に不快感を与え，走行上危険である．すなわち，緩和曲線を挿入する目的は，①視覚上，②曲線半径を∞から有限の値に変化させるため，③片こう配を円滑にすりつけるため，④拡幅量を円滑にすりつけるためである．とくに高速自動車道においては視覚上重要なことである．

いま，平面線形において，物理的には走行に十分余裕のある同じ半径の円曲線と直線をつなぐ場合を考えよう．図12.8に示す$OPMA$は直線と円曲線とを直

接つないだ場合であり，$O'P'MA$ は直線と円曲線との間に 1 つの緩和曲線を入れた場合である．これらは平面図であって，ドライバーは地上約 1.2 m の高さから，この線形を斜めに見る．したがって，円曲線 A は楕円 B のように，$OPMA$ は $OPM'B$ のように見え，実際の曲線半径 R の代りに，小さい半径 r のような急な曲がりがあるように感じる．ところが，緩和曲線の入った $O'P'MA$ の場合であると，$O'P'M'B$ のように見えて r のような小さな半径には感じないからである．

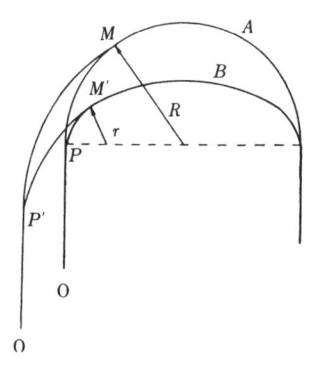

図 12.8 ドライバーから見た円曲線

直線と円曲線との間に挿入する緩和曲線には種々のものがあるが，道路ではクロソイド，鉄道では 3 次放物線，レムニスケートおよび半波長サイン逓減曲線（最近，主に用いられる）などがある．以下，道路に用いられる緩和曲線，すなわちクロソイドについてもう少し詳細に述べる．

12.4.2 自動車の走行軌跡とクロソイド

自動車の速度 v(m/s) は一定で，ドライバーはハンドルをなめらかに，同じ角速度で回すものと仮定する．ハンドルを切り始めて t 秒後の自動車の後車軸の中心が描く軌跡は図 12.9 のようになる．

さて，ハンドルを φ だけ回せば，自動車の前輪は θ だけ方向が変わり，

$$\theta = k\varphi \quad (ただし\ k \leq 1)$$

ハンドルの回転角速度 w とハンドルを切り始めて t 秒後のハンドルの回転角 φ との間には，

$$\varphi = wt$$

したがって，自動車の前輪の回転角 θ は，

$$\theta = k\varphi = kwt$$

自動車の前輪と後輪の軸間隔を d

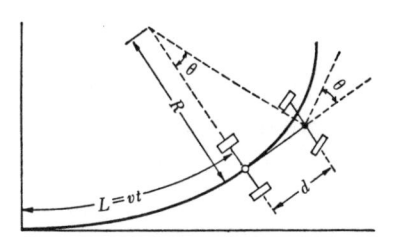

図 12.9 ハンドルを切り始めて t 秒後の自動車の軌跡

とすれば，前輪が θ だけ回転したときの自動車の描く曲線半径 R は，

$$R=\frac{d}{\tan\theta}\doteqdot\frac{d}{\theta}=\frac{d}{kwt} \tag{12.4}$$

自動車はハンドルを切り始めて t 秒後には，

$$L=vt \tag{12.5}$$

だけ走行する．

式 (12.4) と式 (12.5) から t を消去すれば，

$$L=vt=v\frac{d}{kw}\cdot\frac{1}{R} \tag{12.6}$$

ここで，vd/kw は一定であるので，これを A^2 とおけば，

$$RL=A^2 \tag{12.7}$$

すなわち，$RL=A^2$ というのはクロソイド (clothoid) と呼ばれる曲線である．自動車が等速で走り，ハンドルを等速で回し，しかも使用する円曲線の半径が自動車の車軸 d に比べて十分大きい場合には，自動車の走行軌跡は近似的にクロソイド曲線となる．

このように緩和曲線にクロソイドを使用すると，安全に，しかもドライバーの目から見てなめらかな曲線をもった道路ができ，山岳地帯を通る際にも，無理のない，地形に合わせた線形をとることができ，地形から線形を予知せしめるという効果をも生じる．

12.4.3 クロソイド曲線

1) クロソイドの基本的性質　クロソイドは，曲線 $1/R$ が曲線長 L に比例して一様に増加するきわめて便利な性質をもつ曲線で，その計算も比較的容易である．上述で示した式 (12.7) をクロソイドの基本式と呼び，A をクロソイドのパラメータといい，長さのディメンション（通常 m）をもっている．

R, L, A のうち 2 つの要素がわかれば他の 1 つは簡単に計算することができる．パラメータ A を決めれば，1 つの大きさの形しかできないが，A の値をいろいろ変化させることによって，理論的には無限にその線形を設定することができる．しかし，実際には，接続する曲線半径 R との関係で，視覚上の条件を考慮すると，パラメータ A の範囲は $R/3 \leqq A \leqq R$ であることが望ましい．

また，$A=1$ としたときのクロソイド $RL=1$ を単位クロソイドと呼び，ここ

で $R/A=r$, $L/A=l$ とおけば, 式 (12.8) が得られる.

$$\frac{R}{A} \cdot \frac{L}{A} = 1, \quad rl = 1 \tag{12.8}$$

この単位クロソイドは, クロソイドの基本となるもので, その曲線要素は通常 l を基準にして求められる.

2) クロソイドの数学的表示　クロソイドは, 数学的にはフレネル (Fresnel) の積分 (超越関数) を解いたものであり, それをクロソイドに適するよう R, L で表現すれば式 (12.9) および式 (12.10) のようになる.

クロソイドの曲線方程式

$$y = \frac{x^3}{6LR}\left(1 + 0.0057 \frac{x^4}{L^2 R^2} + 0.0074 \frac{x^8}{L^4 R^4} + \cdots\right) \fallingdotseq \frac{x^3}{6LR} \tag{12.9}$$

クロソイドの直角座標方程式

$$\left.\begin{array}{l} X = L\left(1 - \dfrac{L^2}{40R^2} + \dfrac{L^4}{3,456R^4} - \dfrac{L^6}{599,040R^6} + \cdots\right) \\[2mm] Y = \dfrac{L^2}{6R}\left(1 - \dfrac{L^2}{56R^2} + \dfrac{L^4}{7,040R^4} - \dfrac{L^6}{1,612,800R^6} + \cdots\right) \end{array}\right\} \tag{12.10}$$

さて, ここで図 12.10 を参照し, 式 (12.8) を直角座標で表してみよう. $1/r = d\tau/dl$ であるから,

$$\frac{d\tau}{dl} = \frac{l}{A^2} \tag{12.11}$$

これを積分し, $l=0$ において $\tau=0$ であるから,

$$\tau = \frac{l^2}{2A^2} = \frac{l^2}{2RL} = \frac{l}{2r} \tag{12.12}$$

あるいは,

$$r = A^2/l = A/\sqrt{2\tau} \tag{12.13}$$

さて,

$$dx = dl \cos\tau, \quad dy = dl \sin\tau \tag{12.14}$$

であるから, 式 (12.11) および式 (12.13) を用いて書き直すと,

$$dx = (A/\sqrt{2\tau}) \cos\tau \, d\tau, \quad dy = (A/\sqrt{2\tau}) \sin\tau \, d\tau \tag{12.15}$$

この式を積分すると, 点 P の座標 (x, y) は τ をパラメータとして次のように書ける.

$$x = \frac{A}{\sqrt{2}} \int_0^\tau \frac{\cos\tau}{\sqrt{\tau}} d\tau, \quad y = \frac{A}{\sqrt{2}} \int_0^\tau \frac{\sin\tau}{\sqrt{\tau}} d\tau \tag{12.16}$$

式 (12.16) はフレネルの積分と呼ばれ, 三角関数を無限級数に展開することにより次のようになる.

$$\left. \begin{array}{l} x = \dfrac{A}{\sqrt{2}} 2\sqrt{\tau} \left(1 - \dfrac{\tau^2}{10} + \dfrac{\tau^4}{216} - \dfrac{\tau^6}{9,360} + \cdots \right) \\[2mm] x = \dfrac{A}{\sqrt{2}} \dfrac{2\tau}{3} \sqrt{\tau} \left(1 - \dfrac{\tau^2}{14} + \dfrac{\tau^4}{440} - \dfrac{\tau^6}{25,200} + \cdots \right) \end{array} \right\} \quad (12.17)$$

これに $A=\sqrt{RL}$, $\tau=L/2R$ を代入して, R, L の関数で表せば, 結果的に式 (12.9) および式 (12.10) を得る.

3) クロソイド要素と記号 クロソイドの各部分およびクロソイドに直接関連する諸量を総称してクロソイド要素と呼び, 図 12.10 はクロソイド $\overparen{OP}$ に対する要素および記号を示す. クロソイド原点 O (クロソイド始点, klothoid anfang, K.A) において曲率は 0 であり, P 点 (クロソイド終点, klothoid ende, K.E) においては $1/R$ なるクロソイドである.

4) クロソイド表 クロソイドの諸要量の多くは式 (12.9) ～ (12.13) を用いて計算することができるが, これらの式を設計するたびに使用していたので

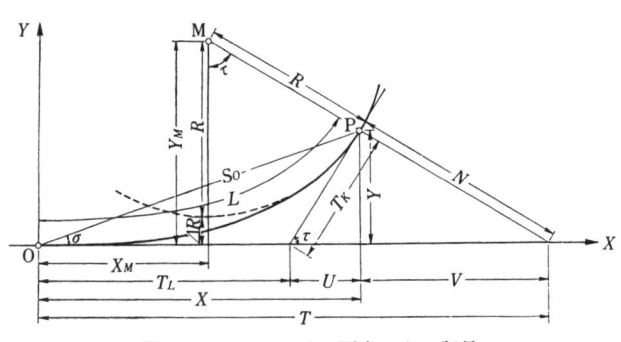

図 12.10 クロソイド要素および記号

O：クロソイドの原点　　　　　O_x：主接線 (O における接線)
P：クロソイド上の任意点　　　L：クロソイドの曲線長
M：P 点における曲率の中心　　$\varDelta R$：移程量 (shift)
R：P 点における曲線半径　　　S_0：動径
X：P 点の X 座標　　　　　　N：法線長
Y：P 点の Y 座標　　　　　　U：T_K の主接線への投影長
X_M：M 点の X 座標　　　　　V：N の主接線の投影長
Y_M：M 点の Y 座標　　　　　T_K：短接線長
τ：P 点における接線角 (ら線角)　T_L：長接線長
σ：P 点の極角　　　　　　　T：$T = X + V = T_L + U + V$

12.4 緩和曲線とその設置法

はきわめて非能率的である．コンピュータの発達により容易に計算できるが，クロソイドはある条件を与えれば多くの諸要量が決定するので，クロソイド表が広く利用されている．

日本道路協会発行のクロソイドポケットブックには，表12.3に示すような主要点の数値を求めるための表（一般に A 表と呼んでいる），表12.4に示すような曲線中間点を求めるための単位クロソイド表などが完備されている．

これらの表の見方であるが，パラメータ A のクロソイドの各要素を求めるには，長さのディメンションをもつもの（R, L, X, Y, X_M, T_K, T_L など）に対しては単位クロソイド表の値（r, l, x, y, x_M, t_K, t_L など）を A 倍すればよい．また，ディメンションなしの項（τ, σ, $\Delta r/r$ など）は，クロソイドはすべて相似であるのでそのまま使用すればよい．

例えば，$L=40$ m の点で $R=250$ m の円に接するクロソイドの，接続点における諸要素は，表を用いて次のように計算できる．

$A=\sqrt{RL}=\sqrt{250\times40}=100$ m であるから，$l=L/A=0.4$ となる．したがって表12.4より，$\tau=4°35'01''$，$\sigma=1°31'40''$，$X=xA=39.974$ m，$Y=yA=1,066$ m などが求められる．また表12.3からでは，そのままの数値を求めることができ

表12.3 クロソイド表（A 表の一部分）

$A=100$		$\frac{1}{A}=0.010000000$		$A^2=1000C$			$\frac{1}{6A^2}=0.000016666666$		
R	L	τ ° ′ ″	σ ° ′ ″	ΔR	X_M	X	Y	T_K	T_L	S_0
500	20.000	1 08 45	0 22 55	.033	10.000	19.999	.133	6.667	13.334	20.000
450	22.222	1 24 53	0 28 18	.046	11.111	22.221	.183	7.408	14.815	22.222
400	25.000	1 47 26	0 35 49	.065	12.500	24.998	.260	8.334	16.668	24.999
350	28.571	2 20 19	0 46 46	.097	14.285	28.567	.389	9.525	19.049	28.569
300	33.333	3 10 59	1 03 40	.154	16.665	33.323	.617	11.114	22.226	33.329
250	40.000	4 35 01	1 31 40	.267	19.996	39.974	1.066	13.341	26.676	39.989
225	44.444	5 39 32	1 53 10	.366	22.215	44.401	1.462	14.829	29.645	44.425
200	50.000	7 09 43	2 23 13	.521	24.987	49.922	2.031	16.692	33.361	49.965
190	52.632	7 56 09	2 38 41	.607	26.299	52.531	2.427	17.576	35.123	52.587
180	55.556	8 50 31	2 56 48	.714	27.756	55.423	2.853	18.561	37.083	55.497
175	57.143	9 21 16	3 07 03	.777	28.546	56.991	3.104	19.096	38.149	57.075
170	58.824	9 54 46	3 18 12	.847	29.382	58.648	3.385	19.664	39.277	58.745
160	62.500	11 11 26	3 43 44	1.016	31.210	62.262	4.058	20.909	41.750	62.394
150	66.667	12 43 57	4 14 32	1.232	33.279	66.338	4.921	22.327	44.560	66.520
140	71.429	14 36 59	4 52 10	1.515	35.637	70.965	6.046	23.958	47.782	71.222
130	76.923	16 57 05	5 38 47	1.891	38.350	76.252	7.539	25.857	51.519	76.624
125	80.000	18 20 05	6 06 22	2.126	39.864	79.185	8.471	26.930	53.622	79.637
120	83.333	19 53 40	6 37 29	2.401	41.500	82.334	9.562	28.101	55.911	82.888
110	90.909	23 40 33	7 52 50	3.111	45.197	89.369	12.370	30.805	61.157	90.221
100	100.000	28 38 52	9 31 44	4.130	49.586	97.529	16.371	34.148	67.561	98.893
95	105.263	31 44 34	10 33 12	4.807	52.098	102.078	19.017	36.147	71.338	103.834
90	111.111	35 22 04	11 45 05	5.638	54.857	106.951	22.248	38.436	75.609	109.241
85	117.647	39 39 04	13 09 46	6.670	57.897	112.136	26.225	41.097	80.494	115.162
80	125.000	44 45 44	14 50 33	7.963	61.250	117.583	31.160	44.251	86.163	121.642
75	133.333	50 55 46	16 51 39	9.602	64.949	123.177	37.332	48.085	92.870	128.710
70	142.857	58 27 54	19 18 44	11.705	69.020	128.682	45.095	52.908	101.011	136.355
65	153.846	67 48 20	22 19 28	14.435	73.469	133.653	54.882	59.273	111.262	144.482
60	166.667	79 34 39	26 13 18	18.014	77.263	137.263	67.150	68.287	124.910	152.812
55	181.818	94 42 14	30 47 11	22.737	83.231	138.046	82.247	82.525	144.813	160.690
50	200.000	114 35 30	36 45 58	28.955	88.054	133.519	99.762	109.714	179.176	166.673

表12.4 単位クロソイド表（一部分）

0.400000〜0.425000

l	τ ° ′ ″	σ ° ′ ″	r	Δr	x_M	x	y
0.400000	04 35 01	01 31 40	2.500000	0.002666	0.199957	0.399744	0.010662
1000	1 23	28	6234	20	500	997	80
0.401000	04 36 24	01 32 08	2.493766	0.002686	0.200457	0.400741	0.010742
1000	1 23	27	6204	20	499	997	80
0.402000	04 37 47	01 32 35	2.487562	0.002706	0.200956	0.401738	0.010822
1000	1 23	28	6172	20	500	996	81
0.403000	04 39 10	01 33 03	2.481390	0.002726	0.201456	0.402734	0.010903
1000	1 23	28	6142	21	499	997	82
0.404000	04 40 33	01 33 31	2.475248	0.002747	0.201955	0.403731	0.010985
1000	1 23	27	6112	20	500	997	81
0.405000	04 41 56	01 33 58	2.469136	0.002767	0.202455	0.404728	0.011066

る．

5) **クロソイド定規**　クロソイド定規は，各種のパラメータに基づくクロソイド曲線を定規にしたもので，設計製図には欠かせない便利なものである．

定規には，図12.11に示す協会型（$A=20〜350$ の28種，14枚）とS型（$A=20〜350$ の28種28枚と $A=400〜1,500$ の16種16枚）がある．一般には縮尺1/1,000につくられており，もし図面の縮尺が変わればクロソイドのパラメータもそれに応じて読み替えて用いる．

例えば，$A=100$ m の定規は，縮尺 1/5,000 図では $A=500$ m となる．

12.4.4　クロソイドの設計

緩和曲線として用いるクロソイドの標準的な型は直線-クロソイド-円-クロソイド-直線となるもので，これを基本型クロソイドという．これには，その左右が対称形になる場合と非対称形になる場合がある．その他，背向曲線（Sカーブ）の間に挿入するS型，基本型の円曲線部をなくした凸型，半径の異なる2つの円曲線の間に挿入する卵型，2つ以上のクロソイドが曲率の同じ位置で直接

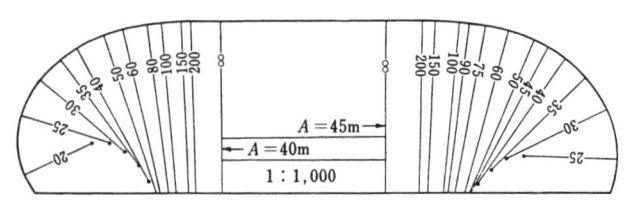

図12.11　協会型クロソイド定規

接続した複合型がある.

さて, 緩和曲線長の最小長さは, ここでは数値的根拠は省略するが, ①片こう配の"すりつけ", ②遠心加速度の変化率, ③ハンドル操作時間, ④視覚的条件から決まる. 一方, 長ければ長いほどよいというものでもない. あまり長いクロソイドを用いると, 終わりの方の曲率の増加が非常に大きくなり, ドライバーは走行速度を落としたい心理状態になる.

したがって, このような理由から基本形の設計条件としては, $R/3 \leq A \leq R$ であることが望ましい. また, 移程量の最小値も $\Delta R > 20$ cm とされている.

1) 基本型対称クロソイド曲線の例　　$I=70°, L=65$ m, $R=250$ m の円曲線に接続する基本型対称クロソイドの主要値を求めよ.

① $A = \sqrt{RL} = \sqrt{250 \times 65} = 127.475$ m

$$l = \frac{L}{A} = \frac{L}{\sqrt{RL}} = \frac{65}{\sqrt{250 \times 65}} = 0.509902$$

② 単位クロソイド表には, $l=0.509000$ と $l=0.510000$ しかないから, 内挿法 (補間法) によって, 諸要値を求める.

$$階差 = \frac{0.509902 - 0.509000}{0.510000 - 0.509000} = 0.902$$

$\tau = 7°25'20'' + (1'45'' \times 0.902) = 7°26'55''$

$\sigma = 2°28'25'' + (35'' \times 0.902) = 2°28'57''$

$\Delta R = \Delta rA = \{0.005491 + (0.000033 \times 0.902)\}A$
$\qquad = 0.005521A = 0.704$ m

$X_M = x_M A = \{0.254358 + (0.000498 \times 0.902)\}A$
$\qquad = 0.2548072A = 32.482$ m

$X = xA = \{0.508147 + (0.000991 \times 0.902)\}A = 64.890$ m

$Y = yA = \{0.021952 + (0.000130 \times 0.902)\}A = 2.813$ m

③ 全接線長 T

$$T = X_M + (R + \Delta R)\tan\frac{I}{2} = 32.482 + (250 + 0.704)\tan\frac{70°}{2} = 208.027 \text{ m}$$

④ 円曲線の中心角 α

$$\alpha = I - 2\tau = 70° - 2 \times 7°26'55'' = 55°06'10''$$

⑤ 円曲線長 L_c

$$L_c = R\frac{\pi}{180}\alpha = 250 \times 55.103° \times \frac{\pi}{180} = 240.431 \text{ m}$$

⑥ 全曲線長 C.L

$$\text{C.L} = 2L + L_c = 2 \times 65 + 240.431 = 370.431 \text{ m}$$

なお，クロソイド計算の途中における最小値は mm 単位で取り扱ってある．これはいろいろの要素にパラメータ A 倍もするので，誤差が大きくなるのを抑えるためである．

2) **基本型非対称クロソイド曲線の例** $I = 43°20'$, $R = 200$ m, $L_1 = 112.50$ m, $L_2 = 84.50$ m の円曲線に接続する基本型非対称クロソイドの主要値を求めよ（図 12.12 参照）．

① A 表より必要な諸値を求める．

$$\frac{L_1}{R} = \frac{112.50}{200} = 0.562500$$

A 表の $l/r = 0.562500$ の行を引くと，$l_1 = 0.750000$ である．

$$\therefore A_1 = Rl_1 = 200 \times 0.750000 = 150 \text{ m}$$

同様に，$A_2 = Rl_2 = 200 \times 0.650000 = 130$ m

a) $\tau_1 = 16°06'52''$, $\Delta R_1 = 2.629$ m, $X_{M_1} = 56.102$ m, $X_1 = 111.613$ m, $Y_1 = 10.487$ m

b) $\tau_2 = 12°06'13''$, $\Delta R_2 = 1.485$ m, $X_{M_2} = 42.187$ m, $X_2 = 84.124$ m, $Y_2 = 5.931$ m

② 曲線要素 W

$$W = (R + \Delta R_2)\tan\frac{I}{2} = (200 + 1.485)$$

$$\times \tan\frac{43°20'}{2} = 80.045 \text{ m}$$

③ 交点偏心量 Z_1, Z_2

$$Z_1 = (\Delta R_1 - \Delta R_2)\cot I$$
$$= (2.629 - 1.485)\cot 43°20'$$
$$= 1.213 \text{ m}$$

$$Z_2 = (\Delta R_1 - \Delta R_2)/\sin I$$
$$= (2.629 - 1.485)/\sin 43°20'$$
$$= 1.667 \text{ m}$$

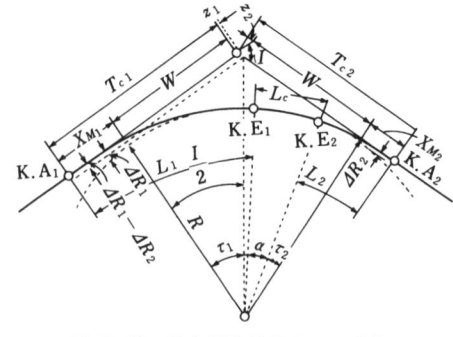

図 12.12 基本型非対称クロソイド

④ 全接線長 T_{c1}, T_{c2}

$$T_{c1} = X_{M_1} + W - Z_1 = 56.102 + 80.045 - 1.213 = 134.934 \text{ m}$$

$$T_{c2} = X_{M_2} + W + Z_2 = 42.187 + 80.045 + 1.667 = 123.899 \text{ m}$$

⑤ 円曲線の中間角 α

$$\alpha = I - (\tau_1 + \tau_2) = 43°20' - (16°06'52'' + 12°06'13'') = 15°06'55''$$

⑥ 円曲線長 L_c

$$L_c = R \frac{\pi}{180} \alpha = 200 \times 15.115° \times \frac{\pi}{180} = 52.762 \text{ m}$$

⑦ 全曲線 C.L

$$\text{C.L} = L_1 + L_c + L_2 = 112.500 + 52.762 + 84.500 = 249.762 \text{ m}$$

3) 中間点の設置と計算 クロソイド中間点の設置には単曲線とほとんど類似の方法がとられ，一般に次のような種類がある．

中間点の設置法 { 直角座標による方法 { 主接線法…主接線からのオフセット / 弦座標法…弦からのオフセット } / 極座標による方法 { 極角動径法…主接線からの偏角と動径 / 極角弦長法…主接線からの偏角と弦長 / 弦角弦長法…任意点からの弦角と弦長 } / その他の方法 { 弦トラバース法…内接多角形のトラバース / 2/8 法…中央縦距 } }

これらは，現場の地形，クロソイド区間の見通し，中間点の設置密度などによって一長一短があるので，実際の設置にあたっては，正確な中間点が得られるように，2つ以上を併用することがある．例えば，主接線からの設置法と極角動径法との併用である．これらの方法について，以下の計算例で述べる．

【例題 12.2】 12.4.4 項の 2) 基本型非対称クロソイド曲線の条件で，主接線法および極角動径法によって，その座標値を求めよ．ただし，起点から交点 I.P(V) までの追加距離 = 389.250 m とする．

【解】 主接線法

まず，図 12.13 に示す K.A_1 から K.E_1 までのクロソイド部について求める．

K.A_1 までの追加距離 = 389.250 − 134.934 = 254.316 = No.12 + 14.316 m

K.E_1 までの追加距離 = 254.316 + 112.500 = 366.816 = No.18 + 6.816 m

円曲線部の始短弦長 = 20 − 6.816 = 13.184 m

円曲線部の終短弦長 = (52.762 − 13.184) − 20 = 19.578 m

次に，K.E_2 から K.A_2 までのクロソイド部について求める．

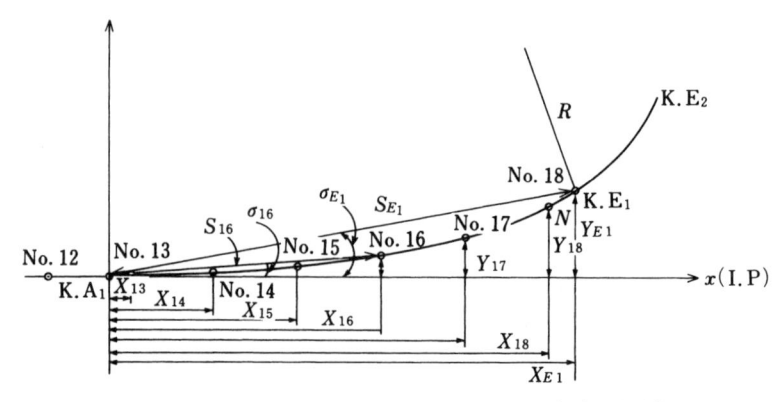

図 12.13 クロソイド上の中間点（主接線法と極角動径法）

K.E$_2$ までの追加距離 = 254.316 + 112.500 + 52.762
$\qquad\qquad\qquad$ = 419.578 = No.20 + 19.578 m
K.A$_2$ までの追加距離 = 419.578 + 84.500
$\qquad\qquad\qquad$ = 504.078 = No.25 + 4.078 m

表 12.5 はクロソイド部の座標値を示したものである．ただし，この表の K.E$_2$ から No.25 の X, Y は K.A$_2$ からの座標値であることに注意．

表 12.5　クロソイド部の座標値（主接線法）

No.	L	$l=L/A$	x	y	X	Y
13	5.684	0.037893	0.037893	0.000009	5.684	0.001
14	25.684	0.171227	0.171223	0.000836	25.683	0.125
15	45.684	0.304560	0.304494	0.004708	45.674	0.706
16	65.684	0.437893	0.437491	0.013985	65.624	2.098
17	85.684	0.571227	0.569708	0.031006	85.456	4.651
18	105.684	0.704560	0.700232	0.058035	105.035	8.705
K.E$_1$	112.500	0.750000	0.750000	0.069916	111.613	10.487
K.E$_1$〜K.E$_2$円曲線部						
K.E$_2$	84.500	0.650000	0.647105	0.045625	84.124	5.931
21	84.078	0.646754	0.643930	0.044948	83.711	5.843
22	64.078	0.492908	0.492181	0.019938	63.983	2.592
23	44.078	0.339062	0.338950	0.006496	44.063	0.844
24	24.078	0.185215	0.185210	0.001059	24.077	0.138
25	4.078	0.031369	0.031369	0.000005	4.078	0.001

【別解】 極角動径法
　この方法は，図 12.13 に示す主接線からの極角（偏角）σ と動径 S_0 による中間点の設置法である．表 12.6 には K.A_1 から K.E_1 までのクロソイド部の計算値を示してある．K.E_2 から K.A_2 も同様にして求めればよい．

表 12.6　極角と動径の値（極角動径法）

No.	L_1	$l=L_1/A_1$	σ	s_0	S_0
13	5.684	0.037893	0°00′50″	0.037893	5.684
14	25.684	0.171227	0°16′48″	0.171225	25.684
15	45.684	0.304560	0°53′09″	0.304531	45.680
16	65.684	0.437893	1°49′52″	0.437714	65.657
17	85.684	0.571227	3°06′55″	0.570552	85.583
18	105.684	0.704560	4°44′16″	0.702633	105.395
K.E_1	112.500	0.750000	5°22′04″	0.747367	112.105

12.5　縦断曲線と横断曲線

12.5.1　縦断曲線の意義とその種類

　自動車が縦断勾配の変化する箇所を走行するとき，衝撃の緩和と視距の確保のために，縦断曲線（vertical curve）を挿入する．縦断曲線は平面線形と適当に組み合わせて路面排水の不良箇所を少なくし，安全性と快適性を増加させることができる．縦断曲線として用いられる曲線には，2次放物線と円曲線とがあり，前者は一般道に用いられている．円曲線は，半径が大きい場合は放物線と線形が酷似するので，高速道路の場合は，半径のきわめて大きい円曲線が採用されている．2次放物線の一般式は次式で与えられる．

$$Z = Z_0 + I_1 x + \frac{I_2 - I_1}{2L_v} x^2 \tag{12.18}$$

Z：距離 x における道路の計画高（m），Z_0：縦断曲線の始点における計画高（m），x：縦断曲線の始点からの水平距離（m），L_v：縦断曲線長（m），I_1 および I_2：縦断曲線の始点および終点における縦断勾配（実数で上り勾配を＋，下り勾配を－とする）

12.5.2　横断曲線の意義とその種類

　横断曲線の意義は道路面に勾配をつけることによって雨水を効果的に排水させ

ることであって，その形状は，直線，円弧，放物線，双曲線などが用いられているが，一般には2次放物線と双曲線が使用されている．2次放物線と双曲線の式は，それぞれ次式で与えられる．

$$y = \frac{h}{w}x + \frac{2h}{w^2}x^2 \tag{12.19}$$

$$y = \frac{h}{16}\left(\sqrt{49 + 1920\frac{x^2}{w^2}} - 7\right) \tag{12.20}$$

y：頂高からの縦距，x：頂高からの横距，h：路頂高，w：車道の幅員

13. 面積・体積の算定

ポイント 建設工事においては，土地の面積を求めたり，面積を分割したり，境界線を整正したり，土量・貯水量などの体積を求めたりする場合がよくある．本章では，このような場合に通常用いられる方法についてその要点を説明する．

13.1 面積の算定

土地の面積とは，斜面に沿う面積ではなく，一定の基準面に投影した面積のことである．基準面としては広大な測量区域のときには平均海面であるが，工事測量など小区域の場合にはその地点における水平面を用いる．

面積を求める方法には，距離や角度の観測値を用いて計算で求める方法と図上で測定する方法とがある．

13.1.1 面積計算

1) 三斜法 測量区域をいくつかの三角形に区分し，その底辺と高さの測定値から計算によって面積を求める方法である．三角形の底辺および高さをそれぞれ b, h とすれば，面積 S は簡単に次式で求められる．

$$S = \frac{1}{2}bh \tag{13.1}$$

三斜法は従来，わが国の官庁関係で用いられてきた．この方法を用いる場合，誤差を少なくするために正三角形にできるだけ近い形に区分するような配慮が必要である．

2) 三辺法 三角形の3辺長 a, b, c を測定した場合には，ヘロン (Heron) の公式を用いて面積 S が算定できる．

$$S = \sqrt{s(s-a)(s-b)(s-c)}, \quad s = \frac{1}{2}(a+b+c) \tag{13.2}$$

この場合にも区分した三角形が正三角形に近い形になるようにする.

3) 緯距・経距による面積計算　閉トラバースの調整計算を行い，各辺の緯距・経距および各測点の座標値が算出されていれば，それらの値を用いて面積を正確に計算できる.

図 13.1 に示す多角形の面積を求めるには，各測線と y 軸との間の各台形面積を加算すればよい. すなわち,

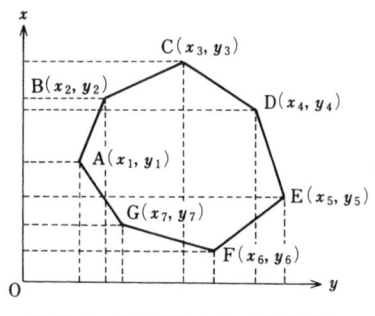

図 13.1　合緯距法および倍横距法

$$\left.\begin{aligned}S &= \frac{1}{2}\sum_{i=1}^{7}(x_{i+1}+x_i)(y_{i+1}-y_i) \\ &= \frac{1}{2}\sum_{i=1}^{7}x_i\{(y_{i+1}-y_i)+(y_i-y_{i-1})\} \\ &= \frac{1}{2}\{\sum(各測点の合緯距)\times(両側測線の経距の代数和)\}\end{aligned}\right\} \quad (13.3)$$

この式で面積を計算する方法を合緯距法という.

一方，各測線と x 軸との間の各台形の面積を加算してもよいから,

$$\left.\begin{aligned}S &= \frac{1}{2}\sum_{i=1}^{7}(y_{i+1}+y_i)(x_{i+1}-x_i) \\ &= -\frac{1}{2}\{\sum(各測線の倍横距)\times(本測線の緯距)\}\end{aligned}\right\} \quad (13.4)$$

この式を使う方法を倍横距法といい，絶対値をとって面積とする. 倍横距 (double meridian distance) とは，測線中心から x 軸に下した垂線の長さの2倍のことで，次式により求めることができる.

倍横距＝(前測線の倍横距)＋(前測線の経距)＋(本測線の経距)　　(13.5)

【例題 13.1】　p.78 例題 6.5 における閉トラバースの面積 S を倍横距法により求めよ.
【解】　(次頁表 13.1 をみよ)

4) 支距による面積計算　図 13.2 のように，川や道路などのような不規則な境界線と測線との間の面積を，測線上の各点から垂線を立てて境界線までの支距 (offset) を測り，その値を用いて算定する方法である. 台形公式，シンプソン (Simpson) の第1，第2法則がある.

13.1 面積の算定

表 13.1 倍横距法

測 点	調整緯距 +	調整緯距 −	調整経距 +	調整経距 −	倍横距	倍面積 +	倍面積 −
1～2	27.282		44.235		44.235	1206.819	
2～3	21.422		70.514		158.984	3405.755	
3～4		32.160	14.659		244.157		7852.089
4～5		48.459		75.890	182.926		8864.411
5～1	31.915			53.518	53.518	1708.027	
						6320.601	16716.500

面積 $S=(16716.500-6320.601)/2=5197.949$ m²

台形公式では，相隣る支距間の境界線を直線とみなし，次式より面積 S を計算する．

$$S=\frac{1}{2}\sum_{i=1}^{n}d_i(y_{i-1}+y_i) \tag{13.6}$$

シンプソンの第1法則は，図13.2において $d_1=d_2=d_3=\cdots\cdots=d$ とし，台形2個ずつを1組として境界を2次放物線と仮定して計算する方法で，次式より面積 S が求まる．

$$S=\frac{d}{3}\{y_0+y_n+4(y_1+y_3+\cdots\cdots)+2(y_2+y_4+\cdots\cdots)\} \tag{13.7}$$

ただし，n は偶数であるが，奇数のときには最後の端数部の面積を台形公式で求めて加えればよい．

シンプソンの第2法則は，第1法則の場合と異なり台形3個ずつを1組とし，境界を3次放物線とみなす．面積 S は次式より算定する．

$$S=\frac{3d}{8}\{y_0+y_n+3(y_1+y_2+y_4+y_5+\cdots)+2(y_3+y_6+\cdots\cdots)\} \tag{13.8}$$

なお，上述の諸公式が適用できない隅角部を生じる場面がある（図13.3）．隅

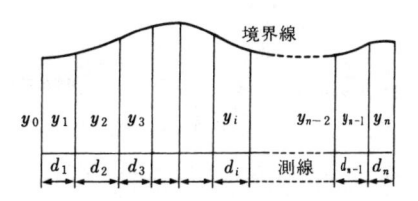

図 13.2 支距による面積計算

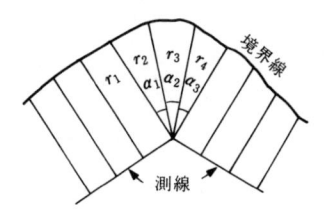

図 13.3 隅角部の面積

角部の面積 S については，次式を用いて算定される．

$$S = \frac{1}{2}(r_1 r_2 \sin\alpha_1 + r_2 r_3 \sin\alpha_2 + r_3 r_4 \sin\alpha_3) \qquad (13.9)$$

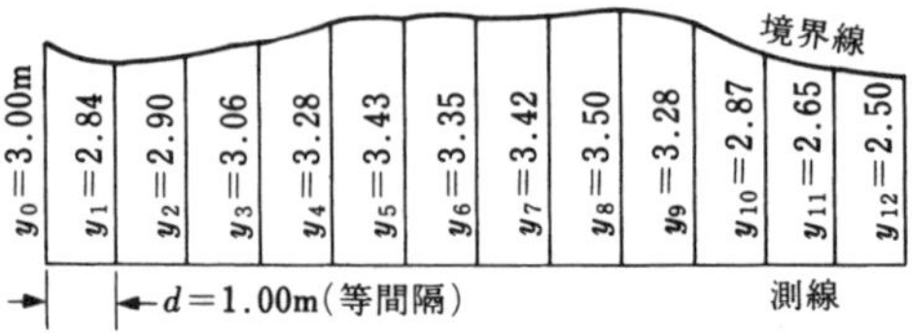

【例題 13.2】 図 13.4 の面積を台形公式，シンプソンの第 1，第 2 法則によって求めよ．

図 13.4

【解】 台形公式：$S = \dfrac{3.00 + 2.50}{2} + 2.84 + 2.90 + 3.06 + 3.28 + 3.43 + 3.35 + 3.42 + 3.50$
$\qquad\qquad\qquad + 3.28 + 2.87 + 2.65 = 37.33 \text{ m}^2$

シンプソンの第 1 法則：$S = \dfrac{1}{3}\{3.00 + 2.50 + 4 \times (2.84 + 3.06 + 3.43 + 3.42 + 3.28$
$\qquad\qquad\qquad + 2.65) + 2 \times (2.90 + 3.28 + 3.35 + 3.50 + 2.87)\} = 37.34 \text{ m}^2$

シンプソンの第 2 法則：$S = \dfrac{3}{8}\{3.00 + 2.50 + 3 \times (2.84 + 2.90 + 3.28 + 3.43 + 3.42 + 3.50$
$\qquad\qquad\qquad + 2.87 + 2.65) + 2 \times (3.06 + 3.35 + 3.28)\} = 37.33 \text{ m}^2$

13.1.2 図形測定法

複雑な境界線で囲まれた土地の面積を測定する方法で，方眼法やプラニメータによる方法，あるいは高級な面積測定機器による方法などがある．これらの方法を用いる場合，図紙の伸縮や図上での読取り作業の精粗などが結果に大きな影響を与えるので，十分注意しなければならない．

1) 方眼法 面積を求めようとする図形の範囲に一定間隔で方眼線を引くか，方眼目盛付きトレーシングペーパーを当てて方眼数を数える方法で，メッシュ法とも呼ばれる．境界線で分断される方眼は，すべて 1/2 方眼とみなして集計処理すればよい．方眼の大きさが細かいほど誤差を小さくできてよいが，手間がかかるので図形の大きさや縮尺などに応じて適当なものを選択する．パソコンによる色分け図形の場合には，色別ドット数を数えてそれに単位面積を掛けて面積を求めることになる．

2) プラニメータ法 プラニメータ (planimeter) は，境界線上を測針でたどり 1 周することにより，測輪の回転数を読み取って面積を求める器具で，慎重に扱えば相当な測定精度が規定できる．極式 (図 13.5(a)) とローラー式 (図 13.5(b)) とがあり，とくに後者は細長い面積の測定に適している．

最近では，従来のプラニメータの読取り・求積機構をエレクトロニクス化し，面積をデジタル表示するプラニメータが普及しつつある（図13.5(c)）．

3） 面積測定機器 不規則な図形の面積を迅速に測定して，デジタル表示する機器が種々開発されている．例えば，純光学的なものとして切り取った面積測定部分を一定の光源により照射し，その反射光量または透過光量を光電管で計測して面積を求める方式のものなどがある．この方式では，境界線を正しく裁断しないと正確な面積が得られない．また，土地の境界上の諸点の座標値を座標測定器（デジタイザ，digitizer）で測り，コンピュータと連動させて面積計算を行う方式のものも市販されている．

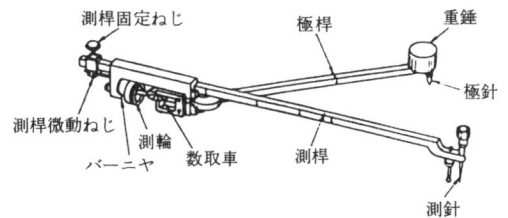

(a)極式プラニメータ（日本測量協会「応用測量の実際（後編）」より）

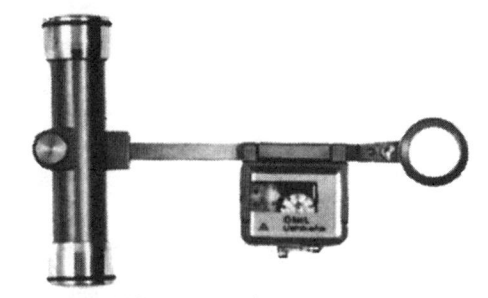

(b)ローラー式プラニメータ

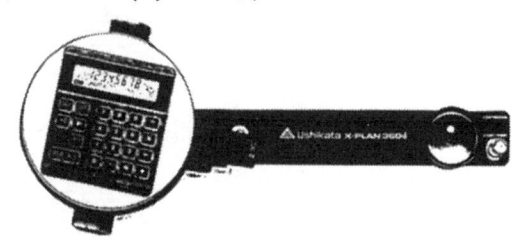

(c)デジタル式プラニメータ

図13.5 各種のプラニメータ

13.2 面積の分割と境界線の整正

各種の建設工事や区画整理事業あるいは土地家屋調査士の業務と関連して，土地の分割や境界線の整正が必要となるので，その方法について述べておく．

13.2.1 面積の分割

図13.6のような多角形の面積 S を3等分することを考える．まず基準線 AL を引き，これに各点から垂線を下し，各区分面積 $\triangle ABB' = S_1$，台形 $BCC'B' =$

図13.6

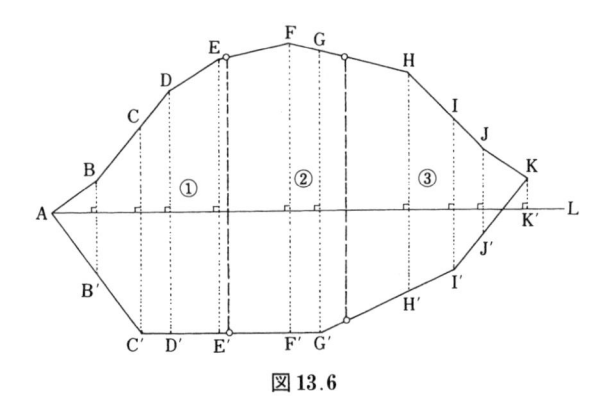

S_2, 台形 $CDD'C' = S_3$, ……を求める．いま，

$$S_1 + S_2 + S_3 + S_4 < \frac{S}{3} < S_1 + S_2 + S_3 + S_4 + S_5$$

$$S_1 + S_2 + \cdots\cdots + S_6 < \frac{2S}{3} < S_1 + S_2 + \cdots\cdots + S_6 + S_7$$

であれば，

$$\left.\begin{array}{l} \text{面積①に対し} \quad \dfrac{S}{3} = S_1 + S_2 + S_3 + S_4 + S_5 \dfrac{m}{m+n} \\[2mm] \text{面積②に対し} \quad \dfrac{S}{3} = S_5 \dfrac{n}{m+n} + S_6 + S_7 \dfrac{m'}{m'+n'} \\[2mm] \text{面積③に対し} \quad \dfrac{S}{3} = S_7 \dfrac{n'}{m'+n'} + S_8 + S_9 + S_{10} \end{array}\right\} \quad (13.10)$$

を満足するように式中の (m, n) および (m', n') を定めればよい．

13.2.2 境界線の整正

図13.7のような境界線 a b c d e f g h によって区分された甲地と乙地を，等面積の条件下でa点を通る1本の直線に整正する場合を考える．

まずa点から境界線と交差しないように試算線 $\overline{ap}$ を引き，測線 $\overline{DE}$ 上のp点の

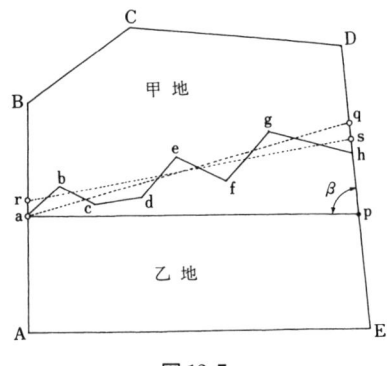

図13.7

座標 (x_p, y_p) を求める．試算線 $\overline{\mathrm{ap}}$ の長さと角度 β ($= \angle\mathrm{apD}$) を a, p, D 点の座標値から算定する．多角形 a b c d e f g h p の面積 S を倍横距法などで算出する．この面積 S と $\triangle\mathrm{apq}$ の面積が等値となるように測線 $\overline{\mathrm{DE}}$ 上に q 点をとれば，直線 $\overline{\mathrm{aq}}$ は求める整正線である．次式から $\overline{\mathrm{pq}}$ の長さを求めて q 点を定める．

$$\overline{\mathrm{pq}} = \frac{2S}{\overline{\mathrm{ap}}\sin\beta} \tag{13.11}$$

整正後の境界線 $\overline{\mathrm{aq}}$ を指定点 r を通る直線 $\overline{\mathrm{rs}}$ に修正したいときには，$\triangle\mathrm{rqa}$ と $\triangle\mathrm{rqs}$ の面積を等しくするように s 点の位置を定めればよい．

13.3 体積の算定

路線沿いの細長い土地の切取り・盛土の土量，埋立て・地ならし工事に伴う広大な土地の土量，ダムの貯水量や山の体積などの算定方法として，断面法，点高法，等高線法などがある．

13.3.1 断面法による体積の算定

この方法は，道路・鉄道・水路などの路線に沿う細長い土地の体積を求める場合によく用いられる．路線測量で得られた横断面図に計画線を記入して断面積を求め，切取りまたは盛土の土量を算定するのである．その具体的な方法には次のようなものがある．

1) 擬柱公式 図 13.8 のように，両端面が平行で側面がすべて台形か三角形である立体を擬柱という．等間隔 $l/2$ にある平行な断面積を S_1, S_m, S_2 とすれば，擬柱の体積 V_0 は，次式で求められる．

$$V_0 = \frac{l}{6}(S_1 + 4S_m + S_2) \tag{13.12}$$

図 13.8 擬柱

路線の中心線に垂直な平行断面が，等間隔 l で S_0, S_1, S_2, $\cdots$, S_n (n は偶数) まで続くときには，全体の体積 V は次式で求められる．

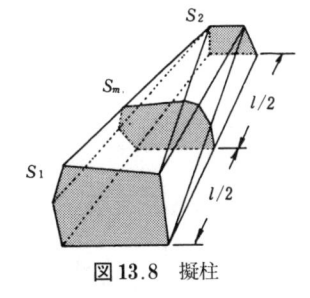

$$V = \sum V_0 = \frac{l}{3}\{S_0 + S_n + 4(S_1 + S_3 + \cdots\cdots + S_{n-1}) + 2(S_2 + S_4 + \cdots\cdots + S_{n-2})\}$$

$$\tag{13.13}$$

2) **両端面平均法**　擬柱公式において，$S_m=(S_1+S_2)/2$ と仮定した場合に相当する．すなわち，

$$V_0=\frac{l}{2}(S_1+S_2) \tag{13.14}$$

$$V=\sum V_0=l\left\{\frac{S_0+S_n}{2}+\sum_{i=1}^{n-1}S_i\right\} \tag{13.15}$$

この方法は，実際より大きい値を与える傾向にあるが，簡単なので広く使用されている．

3) **中央断面積法**

$$V_0=l\,S_m \tag{13.16}$$

この方法は，実際よりも小さい値となる．

【例題 13.3】　図13.9のように道路路線に沿う20m間隔の各測点の断面積が求められている．測点No.0からNo.5までの区間の土量を両端面平均法で求めよ．

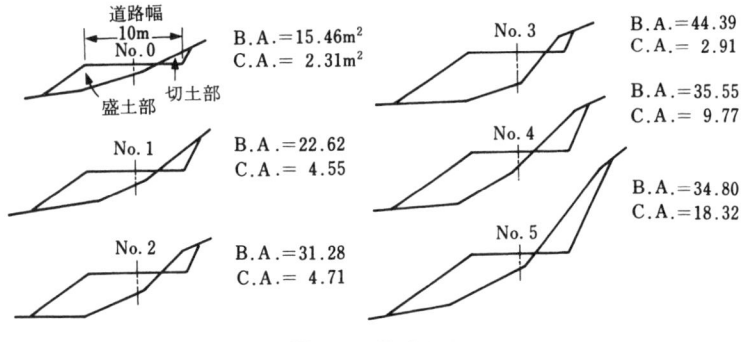

図13.9　横断面図

【解】

表13.2　土量計算表

測点	距離(m)	断面積(m²)		平均断面積(m²)		土量(m³)	
		切土	盛土	切土	盛土	切土	盛土
No.0	0	2.31	15.46	0	0	0	0
No.1	20.00	4.55	22.62	3.430	19.040	68.60	380.80
No.2	20.00	4.71	31.28	4.630	26.950	92.60	539.00
No.3	20.00	2.91	44.39	3.810	37.835	76.20	756.70
No.4	20.00	9.77	35.55	6.340	39.970	126.80	799.40
No.5	20.00	18.32	34.80	14.045	35.175	280.90	703.50
計	100.00					645.10	3,179.40

13.3.2 点高法による体積の算定

広い地域の地ならし，切取り，埋立てなどの土量を求めるときに適する方法で，対象地域を長方形または三角形に区分して各格子点の地盤高を測定し，その値を用いて土量を算定する．

図13.10のように長方形に区分した場合，1区分の体積 V_0 は，

$$V_0 = \frac{S_0}{4}(h_a + h_b + h_c + h_d) \tag{13.17}$$

であるから，全区分を合計することによって，次式から全体積 V が求められる．

$$V = \sum V_0 = \frac{S_0}{4}(\sum h_1 + 2\sum h_2 + 3\sum h_3 + 4\sum h_4) \tag{13.18}$$

式中，h の添字 1, 2, …は，図中の各格子点に記した数字と同じ意味で，その格子点が共有する長方形の数を表している．

図13.11のように三角形に区分してもよい．この場合，1区分の体積 V_0 は，

$$V_0 = \frac{S_0}{3}(h_a + h_b + h_c) \tag{13.19}$$

であるから，全体積 V は次式のようになる．

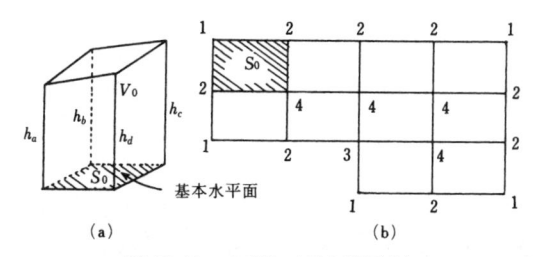

図 13.10 点高法（長方形区分）

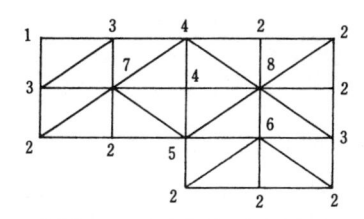

図 13.11 点高法（三角形区分）

$$V = \sum V_0 = \frac{S_0}{3}(\sum h_1 + 2\sum h_2 + \cdots\cdots + 7\sum h_7 + 8\sum h_8) \qquad (13.20)$$

【例題 13.4】 図 13.12 のような測量結果をもとに，この地域の地ならし後の平均地盤高を求めよ．

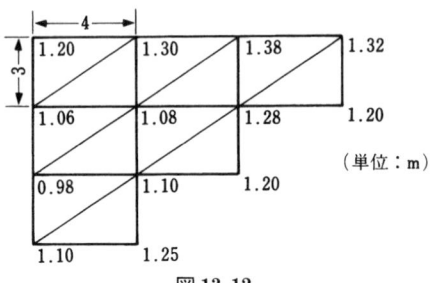

図 13.12

【解】

$\sum h_1 = 1.20 + 1.25 + 1.20 + 1.20 = 4.85$
$\sum h_2 = 1.10 + 1.32 = 2.42$
$\sum h_3 = 1.06 + 0.98 + 1.30 + 1.38 = 4.72$
$\sum h_4 = 0$
$\sum h_5 = 1.10 + 1.28 = 2.38$
$\sum h_6 = 1.08$

ゆえに，全土量は，

$$V = \frac{6}{3}(4.85 + 2\times 2.42 + 3\times 4.72 + 5\times 2.38 + 6\times 1.08) = 84.46 \text{ m}^3$$

平均地盤高は，

$$H = \frac{84.46}{6} \times 12 \fallingdotseq 1.17 \text{ m}$$

13.3.3 等 高 線 法

等高線図を利用すれば，ダムの貯水量や山の体積などを便利に求めることができる．

ダム背面の貯水容量を算出するとき，まず平面図に等深線を記入し，各等深線で囲まれた面積をプラニメータにより求める．この面積を擬柱の断面積とみなし，等深線間隔を断面間の間隔と考えれば，断面法による体積測定のところで述べた方法が適用でき，貯水量が求まる．

図 13.13 に示すような山の切取り土量を算定するときには，まず断面図に計画

線を記入し，これと等高線などとの交点を平面図に下ろして計画面の輪郭を求める．次に切取り土量は，図中に斜線で示したような各部分の体積を集計すれば求まる．各部分の体積は，その上下端面が平面図上の2組の閉曲線内の面積でありプラニメータで求まるから，両端面平均法を適用して算出すればよい．

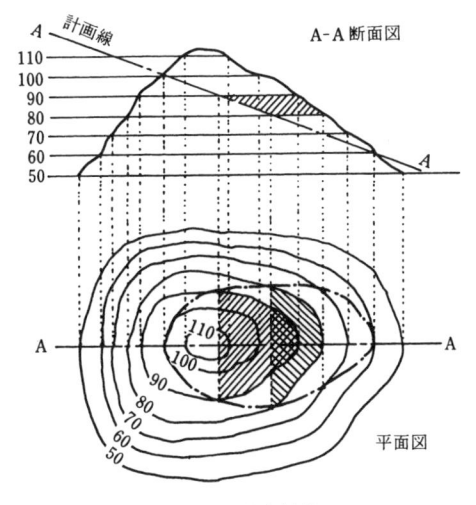

図 13.13　等高線法

13.3.4　数値地形モデルの利用

地形を数値的に表現したモデルを数値地形モデル（digital terrain model）という．数値地形モデルが得られていれば，これを用いてコンピュータと図化機により等高線が描画できるばかりでなく，斜面勾配の計算，土量の算定，景観図の作成など多目的な利用ができて便利である．

地表上の諸点の平面位置 (x_i, y_i) および標高 Z_i の数値は，現地での観測値を用いる場合，地形図からデジタイザ（digitizer）などにより計測する場合，および空中写真測量から得る場合がある．空中写真測量を利用する場合，最近では画像相関によって自動的に数値地形モデル（DTM）が得られるものもある．

数値地形モデルの精度を高めるためには，測定点の密度を大きくすることと，適当な補間法を用いて計測点以外の地形情報を取得できるようにすることが肝要である．補間法としては，例えば式（13.21）のような多項式に近傍の計測点の数値を代入し最小2乗法によって各係数を定めたのち，未知点の標高を推測する方法など，計測点の配置とも関連して種々の方法がある．

$$Z = a_0 + a_1 x + a_2 y + a_3 x^2 + a_4 xy + a_5 y^2 + \cdots \tag{13.21}$$

付　録

数学公式

微　分

$f(x)$	$df(x)/dx$	$f(x)$	$df(x)/dx$
x^n	nx^{n-1}	$\sin x$	$\cos x$
e^x	e^x	$\cos x$	$-\sin x$
a^x	$a^x \log a$	$\tan x$	$\sec^2 x$
x^x	$x^x(1+\log x)$	$\sin^{-1} x$	$\dfrac{1}{\sqrt{1-x^2}}$
$\log x$	$\dfrac{1}{x}$	$\cos^{-1} x$	$-\dfrac{1}{\sqrt{1-x^2}}$
$\log_{10} x$	$\dfrac{1}{x}\log_{10} e$	$\tan^{-1} x$	$\dfrac{1}{1+x^2}$

不定積分

$f(x)$	$\int f(x)$	$f(x)$	$\int f(x)$
uv	$u\int v\,dx - \int\left(\dfrac{du}{dx}\int v\,dx\right)dx$	$\log ax$	$x(\log ax - 1)$
a	ax	$\sin ax$	$-\dfrac{1}{a}\cos ax$
ax^n	$\dfrac{a}{n+1}x^{n+1}$	$\cos ax$	$\dfrac{1}{a}\sin ax$
$\dfrac{a}{x}$	$a \log x$	$\tan ax$	$-\dfrac{1}{a}\log \cos ax$
e^{ax}	$\dfrac{1}{a}e^{ax}$	a^{bx}	$\dfrac{a^{bx}}{b \log a}$
xe^{ax}	$\dfrac{x}{a}e^{ax} - \dfrac{e^{ax}}{a^2}$	$x^n \log x$	$\dfrac{x^{n+1}}{n+1}\left(\log x - \dfrac{1}{n+1}\right)$

関数の展開式

$$f(x+a) = f(x) + af'(x) + \frac{a^2}{2!}f''(x) + \frac{a^3}{3!}f'''(x) + \cdots\cdots + \frac{a^n}{n!}f^{(n)}(x) + \cdots\cdots \quad (\text{Taylor の展開式})$$

$$f(x) = f(0) + xf'(0) + \frac{x^2}{2!}f''(0) + \frac{x^3}{3!}f'''(0) + \cdots\cdots + \frac{x^n}{n!}f^{(n)}(0) + \cdots\cdots \quad (\text{Maclaurin の展開式})$$

$$a^x = 1 + x \log a + \frac{x^2}{2!}(\log a)^2 + \cdots\cdots + \frac{x^n}{n!}(\log a)^n$$

$$(1+x)^m = 1 + mx + \frac{m(m-1)}{2!}x^2 + \frac{m(m-1)(m-2)}{3!}x^3 + \cdots\cdots$$

$$+ \frac{m(m-1)(m-2)\cdots\cdots(m-n+1)}{n!}x^n + \cdots\cdots \quad (-1 < x < 1)$$

付　録

$$\sin x = x - \frac{x^3}{3!} + \frac{x^5}{5!} - \frac{x^7}{7!} + \cdots + (-1)^n \frac{x^{2n+1}}{(2n+1)!} + \cdots \qquad (-\infty < x < \infty)$$

$$\cos x = 1 - \frac{x^2}{2!} + \frac{x^4}{4!} - \frac{x^6}{6!} + \cdots + (-1)^n \frac{x^{2n}}{(2n)!} + \cdots \qquad (-\infty < x < \infty)$$

$$\tan x = x + \frac{1}{3}x^3 + \frac{2}{15}x^5 + \frac{17}{315}x^7 + \frac{62}{2835}x^9 + \cdots \qquad (x^2 < \pi^2/4)$$

SI の単位

　SI は基本単位，補助単位，組立単位を要素とする一貫性のある単位の集団（これらを SI 単位と呼ぶ）と，これらの単位に SI 接頭語をつけて構成される SI 単位の 10 の整数乗倍とで運用される．このような SI 全体の構成を次に示す．

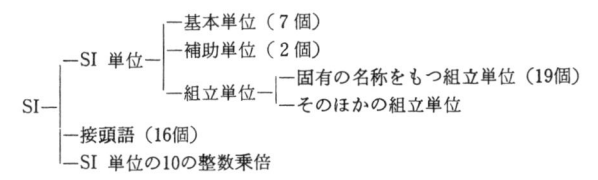

```
         ┌─SI 単位─┬─基本単位（7個）
         │         ├─補助単位（2個）
         │         └─組立単位─┬─固有の名称をもつ組立単位（19個）
SI─┤                          └─そのほかの組立単位
         ├─接頭語（16個）
         └─SI 単位の10の整数乗倍
```

SI 基 本 単 位

量	名　　　称	記　号	定　義
長　　　　さ	メ　ー　ト　ル	m	(a)
質　　　　量	キ　ロ　グ　ラ　ム	kg	(b)
時　　　　間	秒	s	(c)
電　　　流	ア　ン　ペ　ア	A	(d)
熱　力　学　温　度	ケ　ル　ビ　ン	K	(e)
物　質　量	モ　ル	mol	(f)
光　　　度	カ　ン　デ　ラ	cd	(g)

SI 補 助 単 位

量	名　　　称	記　号	定　義
平　面　角	ラ　ジ　ア　ン	rad	(a)
立　体　角	ス　テ　ラ　ジ　ア　ン	sr	(b)

基本単位を用いて表わされる SI 組立単位の例

量	名　称	記　号
面　　積	平方メートル	m^2
体　　積	立方メートル	m^3
速　　さ	メートル毎秒	m/s
加　速　度	メートル毎秒毎秒	m/s^2

補助単位を用いて表わされる組立単位の例

量	名　称	記　号
角　速　度	ラジアン毎秒	rad/s
角　加　速　度	ラジアン毎秒毎秒	rad/s^2

固有の名称をもつ SI 組立単位

量	名　　　称	記号	定　義
周 波 数	ヘ ル ツ	Hz	s^{-1}
力	ニュートン	N	$m \cdot kg \cdot s^{-2}$
圧 力, 応 力	パ ス カ ル	Pa	N/m^2
エネルギー, 仕事, 熱量	ジュール	J	$N \cdot m$
仕事率(工率), 放射束	ワ ッ ト	W	J/s
電 気 量, 電 荷	クーロン	C	$A \cdot s$
電 圧, 電 位	ボ ル ト	V	W/A
静 電 容 量	ファラド	F	C/V
電 気 抵 抗	オ ー ム	Ω	V/A
コンダクタンス	ジーメンス	S	A/V
磁 束	ウェーバ	Wb	$V \cdot s$
磁 束 密 度	テ ス ラ	T	Wb/m^2
インダクタンス	ヘンリー	H	Wb/A
セルシウス温度	セルシウス度	°C	$t°C = (t+273.15)K$
光 束	ルーメン	lm	$cd \cdot sr$
照 度	ルクス	lx	lm/m^2
放 射 能	ベクレル	Bq	s^{-1}
吸 収 線 量	グレイ	Gy	J/kg
線 量 当 量	シーベルト	Sv	J/kg

固有の名称を用いて表わされる SI 組立単位の例

量	名　　　称	記号
粘 度	パスカル秒	$Pa \cdot s$
力のモーメント	ニュートンメートル	$N \cdot m$
表 面 張 力	ニュートン毎メートル	N/m
熱流密度, 放射照度	ワット毎平方メートル	W/m^2
熱容量, エントロピー	ジュール毎ケルビン	J/K
比熱, 比エントロピー	ジュール毎キログラム毎ケルビン	$J/(kg \cdot K)$
熱 伝 導 率	ワット毎メートル毎ケルビン	$W/(m \cdot K)$
誘 電 率	ファラド毎メートル	F/m
透 磁 率	ヘンリー毎メートル	H/m

SI 接 頭 語

倍 数	接 頭 語	記 号	倍 数	接 頭 語	記 号
10^{18}	エクサ	E	10^{-1}	デ シ	d
10^{15}	ペ タ	P	10^{-2}	セ ン チ	c
10^{12}	テ ラ	T	10^{-3}	ミ リ	m
10^{9}	ギ ガ	G	10^{-6}	マイクロ	μ
10^{6}	メ ガ	M	10^{-9}	ナ ノ	n
10^{3}	キ ロ	k	10^{-12}	ピ コ	p
10^{2}	ヘ ク ト	h	10^{-15}	フェムト	f
10^{1}	デ カ	da	10^{-18}	ア ト	a

SIの換算係数

量	従来の単位	SIの単位	乗ずる倍数
圧力	kgf/cm^2	Pa	9.80665×10^4
	kgf/m^2	Pa	9.80665
	mmHg	Pa	1.33322×10^2
	mmH_2O	Pa	9.80665
	mH_2O	Pa	9.80665×10^3
	bar (バール)	Pa	10^5
	Torr (トル)	Pa	$1.33322 + 10^2$
エネルギー,仕事	$kgf \cdot m$	J	9.80665
回転数	rpm	s^{-1}	1/60
	rps	s^{-1}	1
仕事率,動力	PS	W	735.5
	$kgf \cdot m/s$	W	9.80665
	$kcal_{IT}/h$	W	1.163
質量	$kgf \cdot s^2/m$	kg	9.80665
周波数,振動数	s^{-1}	Hz	1
弾性係数	kgf/m^2	Pa	9.80665
力	kgf	N	9.80665
	dyn	N	10^{-5}
トルク	$kgf \cdot m$	$N \cdot m$	9.80665
粘度	$kgf \cdot s/m^2$	$Pa \cdot s$	9.80665
	P (ポアズ)	$Pa \cdot s$	10^{-1}
	cP (センチポアズ)	$Pa \cdot s$	10^{-3}
動粘度	St (ストークス)	m^2/s	10^{-4}
	cSt (センチストークス)	m^2/s	10^{-6}
熱伝導率	$kcal_{IT}/(m \cdot h \cdot °C)$	$W/(m \cdot K)$	1.163
比熱	$kcal_{IT}/(kgf \cdot °C)$	$J/(kg \cdot K)$	4.1868×10^3
	$kgf \cdot m/(kgf \cdot °C)$	$J/(kg \cdot K)$	9.80665
密度	$kgf \cdot s^2/m^4$	kg/m^3	9.80665
表面張力	kgf/cm	N/m	9.80665×10^2
	kgf/m	N/m	9.80665
角度(平面角)	°	rad	$\pi/180$
温度	°C	K	$t°C = (t+273.15)K$

参 考 文 献

1) 建設省中部地方建設局：木曽三川～その流域と河川技術，1988.
2) 建設省国土地理院近畿地方測量部：第10回測量技術報告会資料，日本測量協会関西支部，1991.
3) 建設省国土地理院：測量関係法令集 改訂第6版，日本測量協会，1992.
4) 建設大臣官房技術調査室：建設省公共測量作業規程の解説と運用（平成4年版）．日本測量協会，1992.
5) 日本測量協会：測量実務ハンドブック 改訂第5版，1981.
6) 日本測量協会：現代測量学 第3巻 一般測量，1982.
7) 日本測量協会：現代測量学 第6巻 写真測量 ①，1983.
8) 日本測量協会：現代測量学 第7巻 写真測量 ②，1985.
9) 日本測量協会：測量学事典，日本測量協会，1990.
10) 日本測量協会：Golbal Positioning System.
11) 日本写真測量学会：空からの調査―空中写真の判読と利用，鹿島出版会，1980.
12) 日本リモートセンシングデータ学会出版委員会：リモートセンシングデータ解析，啓学出版，1989.
13) 日本道路協会：クロソイドポケットブック 改訂版，丸善，1990.
14) 日本測量機器工業会：最新測量機器便覧，山海堂，1990.
15) 土木学会土木製図委員会：土木製図基準，土木学会，1992.
16) 日本建設技術総合センター：GIS，2001.
17) ジオマチックス研究会編：GIS実習マニュアル，日本測量協会，2002.
18) 武田通治：測量―古代から現代まで―古今書院，1979.
19) 村井俊治：土木測量，技報堂出版，1980.
20) 中村英夫，村井俊治：測量学，技報堂出版，1981.
21) 淵本正隆，丸安隆和：リモートセンシングによる測量設計，山海堂，1982.
22) Fritz Deumlich : Surveying Instruments, Walter de Gruyter, 1982.
23) 田島 稔：図解・測量用語事典，山海堂，1983.
24) 尾崎幸男：写真測量 第5版，森北出版，1984.
25) 北橋 直：教程平板測量，山海堂，1984.
26) 松井啓之輔：測量学 I，II，共立出版，1985，1986.
27) 長谷川 博ほか：改訂測量1，コロナ社，1986.
28) 佐藤俊朗：測量要論，共立出版，1986.
29) 原田 実ほか：測量学通論，技術書院，1988.
30) 小林和夫ほか：測量学―基本から応用まで―，理工図書，1990.
31) 粟津清蔵監修：絵とき測量，オーム社，1990.

32) 星　仰：地形情報処理学, 森北出版, 1991.
33) 高木幹男, 下田陽久編：画像解析ハンドブック, 東京大学出版会, 1991.
34) 石原藤次郎, 森　忠次：新版測量学（応用編）第3版, 丸善, 1991.
35) 丸安隆和：大学課程 測量1, 2 第2版, オーム社, 1991, 1992.
36) 丸安隆和：測量学（上, 下）, コロナ社, 1992.
37) 土屋　淳：人工衛星によるカーナビゲーションと精密測量, 道路, 1992 (5).
38) 小林秀一ほか：測量学演習—理論と応用（上）, コロナ社, 1993.
39) 長谷川　博：測量（I）基礎, 彰国社, 1995.
40) 小坂和夫：地図編集と投影, 山海堂, 1996.
41) 大嶋太市：測量学, 共立出版, 1997.
42) 秋山　実：地理情報の処理, 山海堂, 1997.
43) 大木正喜：測量学, 森北出版, 1998.
44) 石井一郎ほか：最新測量学, 森北出版, 1999.
45) 駒村正治：測量—その基礎と要点—, 共立出版, 1999.
46) 村井俊治：空間情報工学, 日本測量協会, 2000.
47) 小野邦彦, 田中尚行, 村井俊治：感性を考慮した地図表現, 日本測量協会, 2001.
48) 森　忠次：測量学1, 丸善, 2001.
49) 森　忠次ほか：測量学, 山海堂, 2001.
50) 飛田幹男：世界測地系と座標変換, 日本測量協会, 2002.
51) 国土地理院ホームページ (http://www.gsi.go.jp/)
52) 日本地図センターホームページ (http://www.jmc.or.jp/)

【方向法の例題】（p. 62）方向法で水平角観測したときの記載例および倍角・較差・倍角差・観測差の計算について．

測角するとき，目盛誤差の影響を少しでも消去するために，対回数に応じた始読値を$180°/n$（n：対回数）ずつ変える．例えば，2対回のときは$0°$，$90°$，3対回のときは$0°$，$60°$，$120°$．
また，偶数対回目は望遠鏡反位（l）より始めるので，始読値は所定の値に約$180°$加えた値から測角する．

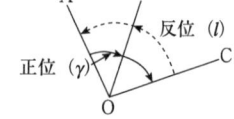

倍角：同一対回内の同一方向の$r+l$の秒位
較差：　　〃　　　　　　$r-l$の秒位
倍角差：全対回における同一方向の倍角の出合差
観測差：　　〃　　　　　　較差の出合差

ここで，出合差とは，最大値と最小値の差をいう．また，倍角・較差の計算においては，全対回の同一方向の分位をそろえて行うことと，較差には必ず符号（＋，－，±）を付けること．

下表は，3方向2対回の水平角観測原簿の計算記載例である．

時分	目盛	望遠鏡	番号	視準点	観測角			結果			倍角	較差	倍角法	観測差
					°	′	″	°	′	″	″	″	″	″
10：12	0	r	1	A	1	16	20	—						
			2	B	40	28	40	39	12	20	80	－40	0	40
			3	C	92	26	20	91	10	0	20	±0	40	0
		l	3		271	10	40	91	10	20				
			2		219	13	20	39	13	0				
			1		180	0	20	—						
	90	l	1		271	10	0	—						
			2		310	22	40	39	12	40	80	－20		
			3		2	20	40	91	10	40	60	－20		
		r	3		182	21	0	91	10	20				
			2		130	23	20	39	12	40				
10：54			1		91	10	40	—						

（観測結果の計算）

　　　　　　望遠鏡正位（r）　　反位（l）
∠AOB　　　$r2-r1$　　　　　$l2-l1$
∠AOC　　　$r3-r1$　　　　　$l3-l1$
（平均値）
　∠AOB $= 39°12'40''$
　∠AOC $= 91°10'20''$

索　引

欧　文

C/A コード　152
DEM　118
GIS　111
GLONASS　151
GPS　150
GPS 測量　91
GRS 80　153
GRS 80 楕円体　3, 6
ITRF　153
ITRF 94 座標系　6
P コード　152
TIN　119
UTM 座標系　8, 114
WGS 84　153
Z バッファ法　120

ア　行

アナログ図化機　139, 142, 144
アナログ地図　111
アリダード　98

家巻き法　107
移器点　41
緯距　66, 181
遺跡・文化財調査　127
位相比較法　30
1 対回　61
緯度　5
陰影処理　119
陰線処理　119

宇宙写真測量　125

衛星画像　123
鉛直角の測定　63
鉛直距離　22
鉛直軸誤差　60
鉛直点　129

カ　行

横断曲線　177
オフセット測量　107
重さ　49
重み　14
温度補正　26

海上保安庁　2
外心誤差　99
海図　2
解析空中三角測量　140
解析図化機　139, 142, 144
回転楕円体　3
開トラバース　66
ガウス-クリューゲル投影法　6
角条件　87
角方程式　86
確率誤差　13
過誤　26
過高感　132
過失　11
河川基準面　6
河川 GIS　122
環境 GIS　123
環境調査　127
干渉測位法　152
感性　116
間接距離測量　27
間接水準測量　49
観測方程式　93
感度（気泡管の）　37
緩和曲線　166

機械空中三角測量　140
器械高　41
器械誤差　26
器械高式記入　43
基準点測量　65, 79
気象補正　32
基図　117

擬柱公式　185
気泡管　36
　——の感度　37
基本水準面　34
基本測量　5
求心　101
極角動径法　176
局地測量　4
距離測量　22
距離判定法　120

杭打ち調整法　40
空間データ基盤　112
偶然誤差　11, 26
空中三角測量　139
空中写真測量　125, 128
空中写真の判読　141
グラード　53
クリノメータハンドレベル　35
クロソイド曲線　168
クロソイド定規　172
クロソイド表　170
クロソイド要素　170

経距　66, 180
傾斜補正　27
経度　5
系統誤差　11
結合トラバース　65
弦角弦長法　166
原点方位角　5

合緯距　77
合緯距法　180
光学マイクロメータ　57
公共測量　5
合経距　77
交互水準測量　46
後視　41
高低測量　33

索引

光波測距儀　30, 91
後方交会法　104, 109
国際地球基準座標　6
国際地球基準座標 ITRF 94　8
国土基本図　8, 115
国土交通省公共測量作業規程　9
国土調査法　9
国土地理院　2
誤差　11
　――の3公理　12
誤差伝播の法則　13
誤差分布曲線　12
個人誤差　26
国家基準点　6, 81
弧度法　53
コンパス法則　76

サ　行

災害調査　127
最確値　15, 16
最小2乗法　15
細部測量　106, 108
撮影高度　136
三角測量　79
三角点　137
　――の等級　81
三角網　79
残差　15
三斜法　179
三辺測量　91
三辺法　179

ジオイド　33
ジオイド高　154
支距　180
支距測量　107
示誤三角形　104
視差　131
視差差　131
視準距離　42
視準誤差　99
視準軸誤差　59
視準標　83
地震防災 GIS　122
自然誤差　26
始短弦　163
実体視　130

実体図化機　142
自動レベル　36
地盤高　41
四辺形の調整　86
斜距離　22
尺定数補正　26
写真測量　125
収束角　133
縦断曲線　177
終短弦　163
縦覧法　107
主接線法　175
主題データ　117
主点　129
準拠楕円体　3
昇降式記入　43
小地測量　4

水準儀　34
水準誤差　45
水準線　34
水準測量　33
水準点　34, 137
水準面　33
水平角の測定　61
水平距離　22
水平軸誤差　59
水平線　34
水平面　34
水路業務法　9
数値地図　112
数値地図 50 m メッシュ　113
数値地図 2500　112
数値地図 25000　113
図形測定法　183
スケッチ法　107
スタジア線　55
スタジア測量　28, 33, 64
ステレオコンパレータ　144

正規分布　12
整準　100
精度　13
セオドライト　53
世界測地系　3, 6
絶対標定　132
前視　41
選点　70, 81

前方交会法　103, 165
走査幅　148
相対誤差　13
相対測位　152
造標　70, 83
測地測量　4
測点標識　83
測点方程式　85
側方交会法　105
測量法　8

タ　行

第1次地域メッシュ　114
対空標識　137
第3次メッシュ　115
対地高度　133
大地測量　4
対地標定　132
第2次地域メッシュ　114
多重スペクトル走査計　148
縦視差　131
たるみ補正　27
単位クロソイド　168
単測法　61
単独測位　151
断面法　185

地形図　111
地形測量　111
地形分類調査　126
地質分類調査　126
地上写真測量　125
地籍 GIS　123
中央縦距法　165
中央断面積法　186
中間点　41
中心投影　129
調整（四辺形の）　86
丁張り　161
張力補正　27
直接距離測量　22
直接水準測量　34
地理情報システム　111

定位　101
ティルティングレベル　35
デジタル図化機　142, 145

索　引　　　　　　　　　　　　　　　　*199*

転鏡　61
点高法　187
電子基準点　3, 6, 10, 91
電磁波　147
電磁波測距儀　28, 91
電子平板測量　107
電波測距儀　31

等角点　130
等級（三角点の）　81
等高線法　188
踏査　70
透写紙法　104
導線法　102
土方カーブ　165
特性値補正　26
都市環境調査　127
トータルステーション　91, 107
土地家屋調査士法　9
土地区画整理法　9
土地利用GIS　123
土地利用分類調査　126
トラバース測量　65
トランシット　53
トランシット法則　76
トランスロケーション方式　152

ナ　行

ナンバー杭　156

日本経緯度原点　5, 6
日本水準原点　5, 6
日本測地系　3, 6

塗りつぶし法　119

ネットワーク構造　118

ハ　行

倍横距法　180
倍角法　71
背向曲線　161
バーニヤ　56

パラメータ　168
反向曲線　161
反射式実体鏡　130
ハンドレベル　35
反復法　62, 71

左親指の法則　58
標高　6, 34
標高補正　27, 32
標尺　38
標準地域メッシュコード　114
標準偏差　12
標定　132
　平板の——　100

浮標（メスマーク）　144
プラス杭　156
プラニメータ　182
フレネルの積分　169
分解能　148
分割地域メッシュ　115
分散　12

平均海面　6
平均誤差　13
平均2乗誤差　13
閉合誤差　74
閉合差　74
閉合トラバース　65
閉合比　74
平板　97
　——の標定　100
平板測量　33, 96
平面測量　33
平面直角座標系　6, 114
ベースマップ　117
ベッセル　3
ベッセル楕円体　3, 6
偏角弦長法　162
偏角動径法　166
辺条件　88
偏心補正量　84
辺方程式　86

方位　67
方位角　67
方眼法　182
方向角　67
方向法　62
放射法　106, 109
骨組測量　65
ポリゴン　118

マ　行

巻尺　23

未定係数法（ラグランジュの）　19

メスマーク　144
メッシュ法　182
面積測定機器　183

ヤ　行

役杭　156
遺形　161

遊標　56

横視差　131

ラ　行

ラグランジュの未定係数法　19
ラジアン　53

リモートセンシング　111, 146
両端面平均法　186

レイトレーシング法　120
レイヤー　117
レーザ測距　150
レベル　34
　——の調整　39
レーマン法　104

路線測定　156

著者略歴

福本 武明 [1,2章]
1939年 愛媛県に生まれる
1965年 立命館大学大学院修士課程修了
現在 立命館大学理工学部教授
工学博士，測量士

古河 幸雄 [3,8章]
1952年 福島県に生まれる
1977年 日本大学大学院修士課程修了
現在 日本大学工学部教授
博士(工学)，測量士

嵯峨 晃 [4,7章]
1944年 兵庫県に生まれる
1966年 京都大学工業教員養成所卒業
現在 神戸市立工業高等専門学校教授

荻野 正嗣 [5,11,12章]
1941年 大阪府に生まれる
1968年 立命館大学大学院修士課程修了
現在 大阪産業大学工学部教授
工学博士，測量士

佐野 正典 [6章]
1943年 宮崎県に生まれる
1968年 近畿大学理工学部卒業
現在 近畿大学理工学部教授
工学博士，測量士

鹿田 正昭 [9章]
1953年 石川県に生まれる
1983年 金沢工業大学大学院博士課程修了
現在 金沢工業大学工学部教授
工学博士，測量士

和田 安彦 [10章]
1942年 奈良県に生まれる
1969年 京都大学大学院博士課程修了
現在 関西大学工学部教授
工学博士，測量士

早川 清 [10,13章]
1945年 広島県に生まれる
1970年 立命館大学大学院修士課程修了
現在 立命館大学理工学部教授
工学博士

エース土木工学シリーズ
エース測量学

定価はカバーに表示

2002年4月10日 初版第1刷
2024年1月25日 第26刷

著者 福本 武明
　　 古河 幸雄
　　 嵯峨 晃
　　 荻野 正嗣
　　 佐野 正典
　　 鹿田 正昭
　　 和田 安彦
　　 早川 清

発行者 朝倉 誠造

発行所 株式会社 朝倉書店
東京都新宿区新小川町 6-29
郵便番号 162-8707
電話 03(3260)0141
FAX 03(3260)0180
https://www.asakura.co.jp

〈検印省略〉

© 2003 〈無断複写・転載を禁ず〉

Printed in Korea

ISBN 978-4-254-26477-7　C 3351

JCOPY ＜出版者著作権管理機構 委託出版物＞
本書の無断複写は著作権法上での例外を除き禁じられています．複写される場合は，そのつど事前に，出版者著作権管理機構（電話 03-5244-5088, FAX 03-5244-5089, e-mail: info@jcopy.or.jp）の許諾を得てください．

◆ エース建築工学シリーズ ◆
教育的視点を重視し，平易に解説した大学ジュニア向けシリーズ

五十嵐定義・脇山廣三・中島茂壽・辻岡静雄著
エース建築工学シリーズ
エース 鉄 骨 構 造 学
26861-4 C3352　　　　　A 5 判 208頁 本体3400円

鋼構造の技術を，根幹となる構造理論に加え，平易に解説。定番の教科書を時代に即して改訂。大学・短大・高専の学生に最適。〔内容〕荷重ならびに応力の算定／材料／許容応力度／接合法／引張材／圧縮材の座屈強さと許容圧縮応力度／他

前京大 松浦邦男・京大 高橋大弐著
エース建築工学シリーズ
エース 建 築 環 境 工 学 Ⅰ
—日照・光・音—
26862-1 C3352　　　　　A 5 判 176頁 本体3200円

建築物内部の快適化を求めて体系的に解説。〔内容〕日照(太陽位置，遮蔽設計，他)／日射(直達日射，日照調整計画，他)／採光と照明(照度の計算，人工照明計画，他)／音環境・建築音響(吸音と遮音・音響材料，室内音響計画，他)

京大 鉾井修一・近大 池田哲朗・京工繊大 新田勝通著
エース建築工学シリーズ
エース 建 築 環 境 工 学 Ⅱ
—熱・湿気・換気—
26863-8 C3352　　　　　A 5 判 248頁 本体3800円

Ⅰ巻を受けて体系的に解説。〔内容〕I編：気象／II編：熱(熱環境と温熱感，壁体を通しての熱移動と室温，他)／III編：湿気(建物の熱・湿気変動，結露と結露対策，他)／IV編：換気(換気計算法，室内空気室の時間変化と空間変化，他)

京大 渡辺史夫・近大 窪田敏行著
エース建築工学シリーズ
エース 鉄筋コンクリート構造
26864-5 C3352　　　　　A 5 判 136頁 本体2800円

教育経験をもとに簡潔コンパクトに述べた教科書。〔内容〕鉄筋コンクリート構造／材料／曲げおよび軸力に対する梁・柱断面の解析／付着とせん断に対する解析／柱・梁の終局変形／柱・梁接合部の解析／壁の解析／床スラブ／例題と解

前阪大 中塚 佶・日大 濱原正行・近大 村上雅英・秋田県大 飯島泰男著
エース建築工学シリーズ
エース 建 築 構 造 材 料 学
26865-2 C3352　　　　　A 5 判 212頁 本体3200円

設計・施工に不可欠でありながら多種多様であるために理解しにくい建築材料を構造材料に絞り，構造との関連性を含めて簡潔に解説したテキスト〔内容〕I編：建築の構造と材料学，II編：主要な建築構造材料(コンクリート，鋼材，木質材料)

前東大 村井俊治総編集
測 量 工 学 ハ ン ド ブ ッ ク
26148-6 C3051　　　　　B 5 判 544頁 本体25000円

測量学は大きな変革を迎えている。現実の土木工事・建設工事でも多用されているのは，レーザ技術・写真測量技術・GPS技術などリアルタイム化の工学的手法である。本書は従来の"静止測量"から"動的測量"への橋渡しとなる総合HBである。〔内容〕測量学から測量工学へ／関連技術の変遷／地上測量／デジタル地上写真測量／海洋測量／GPS／デジタル航空カメラ／レーザスキャナ／高分解能衛星画像／レーダ技術／熱画像システム／主なデータ処理技術／計測データの表現方法

日中英用語辞典編集委員会編
日中英土木対照用語辞典 (普及版)
26150-9 C3551　　　　　A 5 判 500頁 本体8800円

日本・中国・欧米の土木を学ぶ人々および建設業に携わる人々に役立つよう，頻繁に使われる土木用語約4500語を選び，日中英，中日英，英日中の順に配列し，どこからでも用語が捜し出せるよう図った。〔内容〕耐震工学／材料力学，構造解析／橋梁工学，構造設計，構造一般／水理学，水文学，河川工学／海岸工学，湾岸工学／発電工学／土質工学，岩盤工学／トンネル工学／都市計画／鉄道工学／道路工学／土木計画／測量学／コンクリート工学／他。初版1996年。

◆ エース土木工学シリーズ ◆
教育的視点を重視し，平易に解説した大学ジュニア向けシリーズ

福井工大 森　康男・阪大 新田保次編著
エース土木工学シリーズ
エース 土木システム計画
26471-5 C3351　　　　A5判 220頁 本体3800円

土木システム計画を簡潔に解説したテキスト。〔内容〕計画とは将来を考えること／「土木システム」とは何か／土木システム計画の全体像／計画課題の発見／計画の目的・目標・範囲・制約／データ収集／分析の基本的な方法／計画の最適化／他

関大 和田安彦・阪産大 菅原正孝・前京大 西田 薫・神戸山手大 中野加都子著
エース土木工学シリーズ
エース 環　　境　　計　　画
26473-9 C3351　　　　A5判 192頁 本体2900円

環境問題を体系的に解説した学部学生・高専生用教科書。〔内容〕近年の地球環境問題／環境共生都市の構築／環境計画（水環境計画・大気環境計画・土壌環境計画・廃棄物・環境アセスメント）／これからの環境計画（地球温暖化防止，等）

樗木 武・横田 漢・堤 昌文・平田登基男・天本徳浩著
エース土木工学シリーズ
エース 交　　通　　工　　学
26474-6 C3351　　　　A5判 196頁 本体3200円

基礎的な事項から環境問題・IT化など最新の知見までを，平易かつコンパクトにまとめた交通工学テキストの決定版。〔内容〕緒論／調査と交通計画／道路網の計画／自動車交通の流れ／道路設計／舗装構造／維持管理と防災／交通の高度情報化

中部大 植下 協・前岐阜大 加藤 晃・信州大 小西純一・北工大 間山正一著
エース土木工学シリーズ
エース 道　　路　　工　　学
26475-3 C3351　　　　A5判 228頁 本体3600円

最新のデータ・要綱から環境影響などにも配慮して丁寧に解説した教科書。〔内容〕道路の交通容量／道路の幾何学的設計／土工／舗装概論／路床と路盤／アスファルト・セメントコンクリート舗装／付属施設／道路環境／道路の維持修繕／他

田澤栄一編著 米倉亜州夫・笠井哲郎・氏家 勲・大下英吉・橋本親興・河合研至・市坪 誠著
エース土木工学シリーズ
エース コンクリート工学
26476-0 C3351　　　　A5判 264頁 本体3600円

最新の標準示方書に沿って解説。〔内容〕コンクリート用材料／フレッシュ・硬化コンクリートの性質／コンクリートの配合設計／コンクリートの製造・品質管理・検査／施工／コンクリート構造物の維持管理と補修／コンクリートと環境／他

京大 池淵周一・京大 椎葉充晴・京大 宝 馨・京大 立川康人著
エース土木工学シリーズ
エース 水　　文　　学
26478-4 C3351　　　　A5判 216頁 本体3800円

水循環を中心に，適正利用・環境との関係まで解説した新テキスト。〔内容〕地球上の水の分布と放射／降水／蒸発散／積雪・融雪／遮断・浸透／斜面流出／河道網構造と河道流れの数理モデル／流出モデル／降水と洪水のリアルタイム予測／他

前阪産大 西林新蔵編著
エース土木工学シリーズ
エース 建設構造材料（改訂新版）
26479-1 C3351　　　　A5判 164頁 本体3000円

土木系の学生を対象にした，わかりやすくコンパクトな教科書。改訂により最新の知見を盛り込み，近年の環境への配慮等にも触れた。〔内容〕総論／鉄鋼／セメント／混和材料／骨材／コンクリート／その他の建設構造材料

冨田武満・福本武明・大東憲二・西原 晃・深川良一・久武勝保・楠見晴重・勝見 武著
最新 土　質　力　学（第2版）
26145-5 C3051　　　　A5判 224頁 本体3600円

土質力学の基礎的事項を最新の知見を取り入れ，例題を掲げ簡潔に解説した教科書。〔内容〕土の基本的性質／土の締固め／土中の水理／圧縮と圧密／土のせん断強さ／土圧／地中応力と支持力／斜面の安定／土の動的性質／土質調査／地盤環境問題

大塚浩司・庄谷征美・外門正直・小出英夫・武田三弘・阿波 稔著
コンクリート工学（第2版）
26151-6 C3051　　　　A5判 184頁 本体2800円

基礎からコンクリート工学を学ぶための定評ある教科書の改訂版。コンクリートの性質理解のためわかりやすく体系化。〔内容〕歴史／セメント／骨材・水／混和材料／フレッシュコンクリート／強度／弾性・塑性・体積変化／耐久性／配合設計

元東北大 松本順一郎編

水　環　境　工　学

26132-5　C3051　　　　　A５判　228頁　本体3900円

水環境全般について，その基礎と展開を平易に解説した，大学・高専の学生向けテキスト・参考書〔内容〕水質と水文／各水域における水環境／水質の基礎科学／水質指標／水環境の解析／水質管理と水環境保全／水環境工学の新しい展開

巻上安爾・土屋　敬・鈴木徳行・井上　治著

土　木　施　工　法

26134-9　C3051　　　　　A５判　192頁　本体3800円

大学，短大，工業高等専門学校の土木工学科の学生を対象とした教科書。図表を多く取り入れ，簡潔にまとめた。〔内容〕総説／土工／軟弱地盤工／基礎工／擁壁工／橋台・橋脚工／コンクリート工／岩石工／トンネル工／施工計画と施工管理

京大 岡二三生著

土　質　力　学

26144-8　C3051　　　　　A５判　320頁　本体5200円

地盤材料である砂・粘土・軟岩などの力学特性を取り扱う地盤工学の基礎分野が土質力学である。本書は基礎的な部分も丁寧に解説し，新分野としての計算地盤工学や環境地盤工学までも体系的に展開した学部学生・院生に最適な教科書である

芝浦工大 魚本健人著

コンクリート診断学入門
―建造物の劣化対策―

26147-9　C3051　　　　　B５判　152頁　本体3600円

「危ない」と叫ばれ続けているコンクリート構造物の劣化診断・維持補修を具体的に解説。診断ソフトの事例付。〔内容〕コンクリート材料と地域性／配合の変化／非破壊検査／鋼材腐食／補強工法の選定と問題点／劣化診断ソフトの概要と事例／他

西村友良・杉井俊夫・佐藤研一・小林康昭・規矩大義・須網功二著

基礎から学ぶ 土　質　工　学

26153-0　C3051　　　　　A５判　192頁　本体3000円

基礎からわかりやすく解説した教科書。JABEE審査対応。演習問題・解答付。〔内容〕地形と土性／基本的性質／透水／地盤内応力分布／圧密／せん断強さ／締固め／土圧／支持力／斜面安定／動的性質／軟弱地盤と地盤改良／土壌汚染と浄化

港湾学術交流会編

港　湾　工　学

26155-4　C3051　　　　　A５判　276頁　本体2800円

現代的課題である防災(地震・高潮・津波等)と環境(水質改善・生態系修復等)面を配慮した新体系の決定版。〔内容〕港湾の役割と計画／港湾を取り巻く自然／港湾施設の設計と建設／港湾と防災／港湾と環境／港湾技術者の役割／用語集

福田　正編　遠藤孝夫・武山　泰・堀井雅史・村井貞規著

交　通　工　学 (第３版)

26158-5　C3051　　　　　A５判　180頁　本体3300円

基幹的な交通手段である道路交通を対象とした，交通工学のテキスト。〔内容〕都市交通計画／交通調査と交通需要予測／交通容量／交差点設計／道路の人間工学と交通安全／交通需要マネジメントと高度道路交通システム／交通と環境／他

前東工大 三木千壽著

橋　梁　の　疲　労　と　破　壊
―事例から学ぶ―

26159-2　C3051　　　　　B５判　228頁　本体5800円

新幹線・高速道路などにおいて橋梁の劣化が進行している。その劣化は溶接欠陥・疲労強度の低さ・想定外の応力など，各種の原因が考えられる。本書は国内外の様々な事故例を教訓に合理的なメンテナンスを求めて圧倒的な図・写真で解説する

立命館大 杉本末雄・東大 柴崎亮介編

GPSハンドブック

20137-6　C3050　　　　　B５判　512頁　本体15000円

GPSやGNSSに代表される測位システムは，地震や火山活動などの地殻変動からカーナビや携帯電話に至るまで社会生活に欠かすことができない。また気象学への応用など今後も大きく活用されることが期待されている。本書はその基礎原理から技術全体を体系的に概観できる日本初の書。〔内容〕衛星軌道と軌道決定／衛星から送信される信号／伝搬路／受信機／測位アルゴリズム／補強システム／カーナビゲーションとマップマッチング／水蒸気観測と気象／地域変動／時空間情報／他

上記価格（税別）は 2023 年12 月現在